Betty Crocker™

纸杯蛋糕圣经

〔美〕贝蒂妙厨™◎著　筱　晓◎译

the big book of cupcakes

北京科学技术出版社

著作权合同登记号　图字：01-2015-4925

图书在版编目（CIP）数据

纸杯蛋糕圣经／(美)贝蒂妙厨™著；筱晓译．—北京：北京科学技术出版社，2017.12
ISBN 978-7-5304-8869-0

Ⅰ.①纸… Ⅱ.①贝… ②筱… Ⅲ.①蛋糕－糕点加工 Ⅳ.①TS213.23

中国版本图书馆CIP数据核字(2017)第185885号

纸杯蛋糕圣经

作　　者：〔美〕贝蒂妙厨™
译　　者：筱　晓
策划编辑：田　恬
责任编辑：代　艳
责任印制：张　良
图文制作：天露霖文化
出 版 人：曾庆宇
出版发行：北京科学技术出版社
社　　址：北京西直门南大街16号
电话传真：0086-10-66135495（总编室）　0086-10-66161952（发行部传真）
　　　　　0086-10-66113227（发行部）
邮政编码：100035
电子信箱：bjkj@bjkjpress.com
网　　址：www.bkydw.cn
经　　销：新华书店
印　　刷：北京宝隆世纪印刷有限公司
开　　本：720mm × 1000mm　1/16
印　　张：16
版　　次：2017年12月第1版
印　　次：2017年12月第1次印刷
ISBN 978-7-5304-8869-0/T · 923

定价：79.00元

亲爱的朋友们：

纸杯蛋糕！每个人都喜欢它们——怎能不喜欢呢？这些可口的甜点尽善尽美。它们口味有一点点浓郁，吃起来令人愉悦无比，每一个都展现了蛋糕与糖霜的完美比例。毋庸置疑，谁也不会奢望你与人分享你的纸杯蛋糕——它们是你的，是你一个人的！

或许因为它们变化无穷，或许因为它们是让人放纵的理想选择，这些令人无法抗拒的诱惑之源将继续流行于世。专门出售纸杯蛋糕的烘焙店几乎在每个城镇、在每个购物中心甚至在网络上大量涌现！

纸杯蛋糕最妙的地方可能在于，每一个纸杯蛋糕都传递着一点点来自你——烘焙者——的爱与关怀。凭借不计其数的口味与装饰方法，纸杯蛋糕成为所有场合——糕饼售卖会、新邻居欢迎会、新娘送礼会的最佳选择，因为它们能够告诉所有食用它们的人，你是多么在乎他们。

因为我们如你一般喜爱纸杯蛋糕，所以在这本《纸杯蛋糕圣经》中，你将发现许多我们在自家厨房中开发的配方，味道绝对让你疯狂！你还会发现一些来自热爱纸杯蛋糕的烘焙博客博主的配方。大部分配方须要你按步骤从头做起，但是有一些很棒的配方使用了蛋糕预拌粉，还有许多配方附有使用蛋糕预拌粉的衍生配方，供你时间不够时使用。本书还介绍了很多装饰方法，风格从简简单单到高雅可人到精致迷人，无所不有，而且配有好看的图片和有用的小贴士，让每一位烘焙者都能制作出外观漂亮、味道迷人的纸杯蛋糕。它就是一场甜蜜的烘焙盛宴！

我们开始烘焙吧！

热诚的

贝蒂妙厨

目 录

关于纸杯蛋糕

没有人确切地知道第一个纸杯蛋糕诞生于何时，连专家们也在为第一个纸杯蛋糕配方何时出现于美食书中而争论不休：根据资料，要么是 18 世纪末期，要么是 19 世纪中期。人们甚至不太清楚纸杯蛋糕是因何得名的。是因为这些精致的美味最初是装在纸杯里烘焙的，还是因为制作它们时是用杯子称量原料的？许多地方的纸杯蛋糕独具特色，如英国有仙女蛋糕，荷兰则以其传统的纸杯蛋糕而闻名，这些纸杯蛋糕都非常好吃！

你知道吗?

作为商品的纸杯蛋糕最早诞生于 1919 年。

纸杯蛋糕曾经只是儿童生日派对上的烘焙食品，但它后来档次提高了，出现在成人宴会、高档餐厅的甜点菜单以及婚礼庆典的中心舞台上。

随着纸杯蛋糕以迅雷不及掩耳之势流行，其味道可谓发生了翻天覆地的变化。经典的纸杯蛋糕（配有巧克力糖霜和装饰糖的黄蛋糕、顶部涂抹奶油奶酪糖霜的红丝绒蛋糕和淌着浓郁乳脂软糖的魔鬼蛋糕）仍在流行，同时你还可以看到人们随心所欲制作的各种纸杯蛋糕。相对于传统的纸杯蛋糕，这些以各种方式搭配出来的产物有些怪异，但是它们大大满足了如今要求口味多样的少男少女们。用我们新创的纸杯蛋糕犒劳一下自己，来一个阿兹台克辣椒巧克力蛋糕（第 64 页）或者太阳蛋培根蛋糕（第 246 页）吧。是的，我说的就是培根！

烘焙博客博主：纸杯蛋糕让她们魂牵梦萦

我们与这些热爱纸杯蛋糕的博主进行了深入接触。这是一群为了圆纸杯蛋糕之梦而热情投入的人！毫无疑问，在一天之中的每一个小时，她们都必须想着纸杯蛋糕以保有激情！这些博主研究出来的配方创意十足，零星分布于全书之中。去书中找一找、看一看吧！你不仅能一饱眼福，还能一饱口福呢。

自左上角开始顺时针介绍：

黛博拉 · 哈罗恩，www.tasteandtellblog.com（巧克力苦杏酒蛋糕，第 74 页）

安吉 · 达德利，www.bakerella.com（火与冰蛋糕，第 250 页）

克里斯蒂 · 丹妮，www.thegirlwhoateeverything.com（草莓椰香蛋糕，第 94 页；彩虹之上蛋糕，第 98 页）

琳赛 · 兰蒂斯，www.loveandoliveoil.com（桃子波旁威士忌蛋糕，第 104 页）

布莉 · 海斯特，www.bakedbree.com（烤杏仁蛋糕，第 109 页；花生酱高帽蛋糕，第 210 页）

安娜 · 金斯伯格，www.cookiemadness.net（香蕉咖啡焦糖蛋糕，第 240 页）

烘焙纸杯蛋糕

购买工具

用几样基本工具，你就能立刻制作并装饰大量纸杯蛋糕。你可以在超市、烹饪用品商店、烘焙用品专卖店、手工用品商店或者网店中购买这些工具。

- **麦芬模：** 有迷你型、常规型和特大型，用于烘焙不同尺寸的纸杯蛋糕；甚至还有各种形状的，如花形、星形和心形的。
- **纸模：** 有常规型和迷你型，图案和颜色多种多样。
- **冰激凌勺：** 能让你快速制作大小相同的纸杯蛋糕。50 号冰激凌勺适合制作迷你纸杯蛋糕，20 号冰激凌勺适合制作常规纸杯蛋糕，8 号冰激凌勺适合制作特大纸杯蛋糕。

甜蜜烘焙的成功秘诀

- 了解烤箱的实际温度。大多数烤箱的实际温度比温度控制器显示的温度稍高或者稍低，所以必须购买一支烤箱温度计，用来校正温度控制器。
- 确保泡打粉和小苏打新鲜。查看一下保质期。这些东西存放久了会丧失令面糊膨胀的能力。
- 精确测量。使用液体量杯测量液体原料，使用大小合适的干料量杯测量干性原料。测量面粉或者糖粉的时候，用勺子往量杯里装面粉或者糖粉，装满后抹平表面即可，不要压实。
- 搅打面糊时动作要轻一些。过度搅打的话，做出来的纸杯蛋糕会很硬。

分批制作

如果你只有一个麦芬 12 连模，而配方规定做 24 个纸杯蛋糕，那就先用一半面糊烘焙，将剩下的面糊盖好冷藏。第一批纸杯蛋糕烤好并在模具中冷却 10 分钟左右后，移至冷却架上继续冷却。然后烘焙剩下的面糊，并将烘焙时间增加 1 分钟或者 2 分钟（因为面糊经过冷藏，需要更长时间升温）。

涂抹糖霜与装饰纸杯蛋糕

如果在纸杯蛋糕的顶部涂抹一层花样简单、容易制作且味道美妙的糖霜，那绝对是锦上添花。再撒一些装饰糖，简直就可以开派对了！但是，为什么止步于此呢？要知道，装饰纸杯蛋糕的方法可是数不胜数的，从简简单单的到奇特非凡的，应有尽有。

涂抹糖霜的基本方法

用抹刀涂抹的话，在纸杯蛋糕的顶部中央放厚厚的一团糖霜，然后往边缘抹。

要想糖霜表面平滑，就用抹刀边缘在顶部涂抹。

要想糖霜松软且卷翘，就用抹刀碰触糖霜，然后提起。

要想挤出螺旋状糖霜，就用装有6号星形裱花嘴的裱花袋装好糖霜，边挤边从蛋糕边缘朝中央螺旋式上升，最后提起裱花嘴。

装饰用品

涂抹了糖霜的蛋糕还可以用许多可爱的小东西装饰，如五颜六色的装饰糖、糖花或可食用闪粉。

- 裱花袋或者可重复密封保鲜袋。剪掉一个小角，即可用来裱花。
- 单个或者成套售卖的裱花嘴。有各种各样的形状和大小，可以制作出不同花样的糖霜。我们的配方建议使用各种各样的裱花嘴来给蛋糕涂抹糖霜。
- 五颜六色的罐装糖霜。超市中可以买到。
- 液状、凝胶状或者膏状食用色素。用膏状食用色素制作的彩色糖霜颜色最鲜艳。
- 彩色砂糖、可食用闪粉以及珍珠糖。
- 各种颜色和形状的装饰糖。
- 各种用糖预先做好的小装饰品，如花、心、星星等。

装饰蛋糕的简便方法

- 将蛋糕顶部放入松软的糖霜中，稍稍扭一下，然后笔直拔出，蛋糕顶部的糖霜上就出现一个好看的尖角。
- 不使用糖霜，将糖粉放入一个小筛子中，在纸杯蛋糕上方轻拍筛子边缘，使糖粉均匀覆盖在蛋糕上；或者将花底纸放到未涂抹糖霜的纸杯蛋糕上方，再将糖粉筛到蛋糕上。
- 简单快捷的装饰方法是，将喷射奶油与调味酸奶混合在一起，涂抹在蛋糕上，再在蛋糕顶部撒一些装饰糖或者彩色砂糖，就能营造出节日的气氛。
- 在蛋糕上涂抹一团打发的奶油或者冰激凌，再淋上巧克力淋酱或者焦糖冰激凌淋酱。

涂抹了糖霜的纸杯蛋糕的简便装饰方法

涂抹好糖霜后，立即用下列方法之一装饰蛋糕顶部，这样装饰配料和糖霜能够很好地粘在一起。

- 将蛋糕顶部放入染了色的椰丝中蘸一下。给椰丝染色时，将椰丝放入一个可重复密封保鲜袋中，加入 2～3 滴食用色素，摇晃至均匀着色。
- 用巧克力卷或者巧克力屑装饰蛋糕顶部。制作巧克力卷时，用蔬菜削皮器削巧克力块表面。制作巧克力屑时，用刨丝器刨巧克力块。
- 拿珍珠糖和用糖做的花甚至甲虫来装饰蛋糕顶部。
- 用一小块形状特殊的巧克力糖或者一些饼干（如动物饼干或者姜饼男孩）装饰蛋糕顶部。
- 将熔化的巧克力淋在糖霜上。
- 将橙子皮刨成屑或者削成条来装饰蛋糕顶部。
- 将蛋糕放入装有坚果碎、彩色砂糖、装饰糖或者细糖果碎的碗中蘸一下，或者只将蛋糕边缘在装有这些装饰配料的盘子中滚一下。
- 撒上装饰用粗糖粒或者可食用闪粉。注意，它们的颜色应该与糖霜的颜色协调一致或者对比鲜明。

储存与携带纸杯蛋糕

储存

下面的小贴士可以使纸杯蛋糕保持新鲜。

- 在装饰蛋糕之前，让蛋糕彻底冷却，以免糖霜和装饰配料变黏糊。大约需要 30 分钟。
- 无论蛋糕上是否涂抹了糖霜，都要用锡纸、保鲜膜或者蜡纸松松地盖住蛋糕。
- 涂抹了奶油霜糖霜的纸杯蛋糕在室温下最多可储存 2 天。
- 涂抹了奶油奶酪或者打发奶油的纸杯蛋糕要冷藏储存。
- 在食用的当天，才在蛋糕上涂抹松软的糖霜。

冷冻

要想长期储存蛋糕，可以提前烤好蛋糕，冷冻至准备涂抹糖霜、开始食用之时（涂抹了糖霜的蛋糕不宜冷冻，因为糖霜的质地会因冷冻而发生变化）。下面是一些关于冷冻纸杯蛋糕的建议。

- 将冷却的蛋糕放在密封塑料容器或者可重复密封保鲜袋中，不要叠放。未涂抹糖霜的蛋糕最多可以冷冻 3 个月。
- 让蛋糕在冰箱冷藏室中解冻或者在室温下解冻均可。解冻之前，要打开或者去掉包装。
- 在蛋糕仍处于冷冻状态时涂抹糖霜，这样更容易涂抹，因为蛋糕的表面很坚硬。
- 最好不要冷冻用装饰糖霜、硬糖和彩色砂糖装饰的纸杯蛋糕，因为它们在解冻的时候会掉色。

纸模

要想纸杯蛋糕好看，就要在麦芬模中放置纸模。纸模款式繁多，从纯白色的到印有动物图案的，应有尽有。你还可以买到各种颜色的锡纸模，甚至可以买到漂亮的郁金香形纸模。你可以在超市、烘焙用品专卖店、手工用品商店里购买纸模，也可以在网上购买。

携带

携带纸杯蛋糕是一件极具挑战性的事，但是不用害怕！下面有一些实用的小技巧可以让你安全地带着纸杯蛋糕参加义卖会或者派对。

- 用塑料蛋糕盒装纸杯蛋糕最为理想，几乎可以装一打。
- 一个 13 英寸 × 9 英寸的烤盘大约能装一打常规尺寸的纸杯蛋糕。用锡纸松松地盖住蛋糕即可。
- 必要时也可以使用上菜盘。一定要记住，在用保鲜膜松松地盖住蛋糕之前，要在每个蛋糕上插一根牙签。
- 别忘了还有一个旧物件可以用——装衬衫的纸盒。在纸盒里垫上蜡纸，并用锡纸或者保鲜膜盖住蛋糕即可。

第一章

基础纸杯蛋糕
与
基础糖霜

黄蛋糕

24 个
准备时间：**15 分钟**
制作时间：**1 小时 15 分钟**

2⅓ 量杯中筋面粉
2½ 小勺泡打粉
½ 小勺盐
1 量杯黄油或者人造黄油，软化
1¼ 量杯白糖
3 个鸡蛋
1 小勺香草精
⅔ 量杯牛奶

1. 烤箱预热至 180°C。在 24 个常规大小的麦芬模中分别放入纸模。若不用纸模，就在麦芬模中抹油并撒上面粉（或喷一些蛋糕模喷雾）。
2. 在中碗中混合面粉、泡打粉和盐，放在一旁备用。
3. 用厨师机中速搅打黄油，搅打 30 秒。分次加入白糖，每次加大约 ¼ 量杯并搅打均匀，并不时将粘在碗壁上的混合物刮下来。继续搅打 2 分钟。加入鸡蛋，每次加 1 个并搅打均匀。打入香草精。将厨师机调至低速，交替加入面粉混合物（每次大约加入总量的 ⅓）和牛奶（每次大约加入总量的 ½），搅打均匀。
4. 将面糊平均分到各个麦芬模中，每个模具中的面糊大约占模具容量的 ⅔。
5. 烘焙 20～25 分钟，或者烘焙至蛋糕呈金黄色、将牙签插入蛋糕中心后拔出来时表面是干净的。让蛋糕在模具中冷却 5 分钟。从模具中取出蛋糕，放在冷却架上冷却。最后，根据需要给蛋糕涂抹糖霜。

1 个蛋糕：能量 170 千卡；总脂肪 9 克（饱和脂肪 5 克；反式脂肪 0 克）；胆固醇 45 毫克；钠 190 毫克；总碳水化合物 20 克（膳食纤维 0 克）；蛋白质 2 克

迷你蛋糕：在 24 个迷你麦芬模中分别放入迷你纸模。按照配方制作面糊，然后将面糊舀到各个纸模中，每个纸模中的面糊大约占纸模容量的 ⅔。（将剩余的面糊盖起来冷藏至准备烘焙；在再次烘焙之前冷却模具。）烘焙 17～20 分钟，或者烘焙至蛋糕呈金黄色、将牙签插入蛋糕中心后拔出来时表面是干净的。让蛋糕在模具中冷却 5 分钟。从模具中取出蛋糕，放在冷却架上冷却。重复以上步骤，用剩余的面糊再制作 48 个迷你蛋糕。最后，根据需要给蛋糕涂抹糖霜。总共制作 72 个迷你蛋糕。

巧克力蛋糕

24 个

准备时间：**20 分钟**

制作时间：**1 小时 15 分钟**

2 量杯中筋面粉

$1\frac{1}{4}$ 小勺小苏打

1 小勺盐

$\frac{1}{4}$ 小勺泡打粉

1 量杯热水

$\frac{2}{3}$ 量杯无糖可可粉

$\frac{3}{4}$ 量杯起酥油

$1\frac{1}{2}$ 量杯白糖

2 个鸡蛋

1 小勺香草精

1. 烤箱预热至 180°C。在 24 个常规大小的麦芬模中分别放入纸模。

2. 在中碗中混合面粉、小苏打、盐和泡打粉，放在一旁备用。在小碗中混合热水和可可粉至可可粉完全溶解，放在一旁备用。

3. 用厨师机中速搅打起酥油，搅打 30 秒。分次加入白糖，每次加大约 $\frac{1}{4}$ 量杯并搅打均匀，并不时将粘在碗壁上的混合物刮下来。继续搅打 2 分钟。加入鸡蛋，每次加 1 个并搅打均匀。打入香草精。将厨师机调至低速，交替加入面粉混合物（每次大约加入总量的 $\frac{1}{3}$）和可可粉溶液（每次大约加入总量的 $\frac{1}{2}$），搅打均匀。

4. 将面糊平均分到各个纸模中，每个纸模中的面糊大约占纸模容量的 $\frac{2}{3}$。

5. 烘焙 20 ~ 25 分钟，或者烘焙至蛋糕呈焦黄色、将牙签插入蛋糕中心后拔出来时表面是干净的。让蛋糕在模具中冷却 5 分钟。从模具中取出蛋糕，放在冷却架上冷却。最后，根据需要给蛋糕涂抹糖霜。

1 个蛋糕：能量 160 千卡；总脂肪 7 克（饱和脂肪 2 克；反式脂肪 1 克）；胆固醇 20 毫克；钠 180 毫克；总碳水化合物 22 克（膳食纤维 1 克）；蛋白质 2 克

迷你蛋糕：在 24 个迷你麦芬模中分别放入迷你纸模。按照配方制作面糊，然后将面糊舀到各个纸模中，每个纸模中的面糊大约占纸模容量的 $\frac{2}{3}$。（将剩余的面糊盖起来冷藏至准备烘焙；在再次烘焙之前冷却模具。）烘焙 12 ~ 16 分钟，或者烘焙至将牙签插入蛋糕中心后拔出来时表面是干净的。让蛋糕在模具中冷却 5 分钟。从模具中取出蛋糕，放在冷却架上冷却。重复以上步骤，用剩余的面糊再制作 48 个迷你蛋糕。最后，根据需要给蛋糕涂抹糖霜。总共制作 72 个迷你蛋糕。

白蛋糕

24 个
准备时间：**15 分钟**
制作时间：**1 小时 15 分钟**

$2^3/_4$ 量杯中筋面粉
3 小勺泡打粉
$^1/_2$ 小勺盐
$^3/_4$ 量杯起酥油或者黄油
$1^2/_3$ 量杯白糖
5 个蛋白
$2^1/_2$ 小勺香草精
$1^1/_4$ 量杯牛奶

1. 烤箱预热至 180℃。在 24 个常规大小的麦芬模中分别放入纸模。
2. 在中碗中混合面粉、泡打粉和盐，放在一旁备用。
3. 用厨师机中速搅打起酥油，搅打 30 秒。分次加入白糖，每次加大约 $^1/_3$ 量杯并搅打均匀，并不时将粘在碗壁上的混合物刮下来。继续搅打 2 分钟。加入蛋白，每次加 1 个蛋白并搅打均匀。打入香草精。将厨师机调至低速，交替加入面粉混合物（每次大约加入总量的 $^1/_3$）和牛奶（每次大约加入总量的 $^1/_2$），搅打均匀。
4. 将面糊平均分到各个纸模中，每个纸模中的面糊大约占纸模容量的 $^2/_3$。
5. 烘焙 18 ~ 20 分钟，或烘焙至将牙签插入蛋糕中心后拔出来时表面是干净的。让蛋糕在模具中冷却 5 分钟。从模具中取出蛋糕，放在冷却架上冷却。最后，根据需要给蛋糕涂抹糖霜。

1 个蛋糕：能量 180 千卡；总脂肪 7 克（饱和脂肪 2 克；反式脂肪 1 克）；胆固醇 0 毫克；钠 125 毫克；总碳水化合物 26 克（膳食纤维 0 克）；蛋白质 2 克

迷你蛋糕：在 24 个迷你麦芬模中分别放入迷你纸模。按照配方制作面糊，然后将面糊舀到各个纸模中，每个纸模中的面糊大约占纸模容量的 $^2/_3$。（将剩余的面糊盖起来冷藏至准备烘焙；在再次烘焙之前冷却模具。）烘焙 12 ~ 16 分钟，或者烘焙至将牙签插入蛋糕中心后拔出来时表面是干净的。让蛋糕在模具中冷却 5 分钟。从模具中取出蛋糕，放在冷却架上冷却。重复以上步骤，用剩余的面糊再制作 48 个迷你蛋糕。最后，根据需要给蛋糕涂抹糖霜。总共制作 72 个迷你蛋糕。

柠檬蛋糕

24 个
准备时间：**20 分钟**
制作时间：**1 小时 15 分钟**

2⅓ 量杯中筋面粉
2½ 小勺泡打粉
½ 小勺盐
1 量杯黄油或者人造黄油，软化
1¼ 量杯白糖
3 个鸡蛋
2 大勺柠檬皮屑
1 小勺香草精
⅔ 量杯牛奶

1. 烤箱预热至 180°C。在 24 个常规大小的麦芬模中分别放入纸模。若不用纸模，就在麦芬模中抹油并撒上面粉（或者喷一些蛋糕模喷雾）。

2. 在中碗中混合面粉、泡打粉和盐，放在一旁备用。

3. 用厨师机中速搅打黄油，搅打 30 秒。分次加入白糖，每次加大约 ¼ 量杯并搅打均匀，并不时将粘在碗壁上的混合物刮下来。继续搅打 2 分钟。加入鸡蛋，每次加 1 个鸡蛋并搅打均匀。打入柠檬皮屑和香草精。将厨师机调至低速，交替加入面粉混合物（每次大约加入总量的 ⅓）和牛奶（每次大约加入总量的 ½），搅打均匀。

4. 将面糊平均分到各个模具中，每个模具中的面糊大约占模具容量的 ⅔。

5. 烘焙 20 ~ 25 分钟，或者烘焙至蛋糕呈金黄色、将牙签插入蛋糕中心后拔出来时表面是干净的。让蛋糕在模具中冷却 5 分钟。从模具中取出蛋糕，放在冷却架上冷却。最后，根据需要给蛋糕涂抹糖霜。

1 个蛋糕： 能量 170 千卡；总脂肪 9 克（饱和脂肪 5 克；反式脂肪 0 克）；胆固醇 45 毫克；钠 190 毫克；总碳水化合物 20 克（膳食纤维 0 克）；蛋白质 2 克

迷你蛋糕： 在 24 个迷你麦芬模中分别放入迷你纸模。按照配方制作面糊，然后将面糊舀到各个纸模中，每个纸模中的面糊大约占纸模容量的 ⅔。（将剩余的面糊盖起来冷藏至准备烘焙；在再次烘焙之前冷却模具。）烘焙 14 ~ 18 分钟，或者烘焙至蛋糕呈金黄色、将牙签插入蛋糕中心后拔出来时表面是干净的。让蛋糕在模具中冷却 5 分钟。从模具中取出蛋糕，放在冷却架上冷却。重复以上步骤，用剩余的面糊再制作 48 个迷你蛋糕。最后，根据需要给蛋糕涂抹糖霜。总共制作 72 个迷你蛋糕。

糖霜荟萃

巧克力奶油奶酪
糖霜（第 19 页）
装饰糖霜（第 19 页）
松软白糖霜
（第 19 页）
枫糖坚果
奶油霜糖霜
（第 18 页）
花生酱
奶油霜糖霜（第 18 页）
松软樱桃坚果糖霜
（第 19 页）
橙子奶油霜糖霜
（第 18 页）

焦化黄油
奶油霜糖霜
（第 18 页）
柠檬奶油霜糖霜
（第 18 页）
松软奶油硬糖糖霜
（第 19 页）
松软薄荷糖霜
（第 19 页）
香草奶油霜糖霜
（第 18 页）
奶油巧克力糖霜
（第 18 页）
奶油奶酪糖霜
（第 18 页）

香草奶油霜糖霜

准备时间：**10 分钟**
制作时间：**10 分钟**

6 量杯糖粉
2/3 量杯黄油或者人造黄油，软化
1 大勺香草精
3～4 大勺牛奶

1. 在大碗中用勺子混合糖粉和黄油，或者用厨师机低速搅打。拌入香草精和 3 大勺牛奶。
2. 慢慢打入剩余的牛奶，直到足以使糖霜顺滑、易涂抹。如果糖霜太浓稠，就打入更多牛奶（每次只加几滴）。如果糖霜太稀，就再打入一点点糖粉。给 24 个蛋糕涂抹厚厚的一层糖霜（约需 3½ 量杯）。

约 2 大勺糖霜： 能量 140 千卡；总脂肪 4.5 克（饱和脂肪 3 克；反式脂肪 0 克）；胆固醇 10 毫克；钠 30 毫克；总碳水化合物 26 克（膳食纤维 0 克）；蛋白质 0 克

焦化黄油奶油霜糖霜： 在炖锅中用中火加热 1/3 量杯黄油（不要使用人造黄油或者黄油酱）至浅棕色。加热过程中要仔细观察，因为黄油在很短的时间内就会变成棕色，然后被烧焦。冷却黄油。用焦化黄油代替配方中的软化黄油。

柠檬奶油霜糖霜： 不用香草精，用柠檬汁代替牛奶。拌入 ½ 小勺柠檬皮屑。

枫糖坚果奶油霜糖霜： 不用香草精，用 ½ 量杯枫糖浆代替牛奶。拌入 ¼ 量杯切得很细的坚果碎。

橙子奶油霜糖霜： 不用香草精，用橙子汁代替牛奶。拌入 2 小勺橙子皮屑。

花生酱奶油霜糖霜： 用花生酱代替黄油，牛奶增加至 ¼ 量杯（如果需要，可以加更多，但是每次只加几滴）。

奶油巧克力糖霜

准备时间：**10 分钟**
制作时间：**10 分钟**

½ 量杯黄油或者人造黄油，软化
3 盎司无糖巧克力，熔化，冷却
3 量杯糖粉
2 小勺香草精
3～4 大勺牛奶

1. 在大碗中混合黄油和巧克力。拌入糖粉。打入香草精和牛奶，搅打至顺滑、易涂抹。如果糖霜太浓稠，就打入更多牛奶（每次只加几滴）。如果糖霜太稀，就再打入一点点糖粉。给 24 个蛋糕涂抹糖霜（约需 1¼ 量杯）。

约 2 大勺糖霜： 能量 150 千卡；总脂肪 7 克（饱和脂肪 4 克；反式脂肪 0 克）；胆固醇 15 毫克；钠 40 毫克；总碳水化合物 23 克（膳食纤维 0 克）；蛋白质 0 克

奶油奶酪糖霜

准备时间：**10 分钟**
制作时间：**10 分钟**

1 块（8 盎司）奶油奶酪，软化
¼ 量杯黄油或者人造黄油，软化
1 小勺香草精
2～3 小勺牛奶
4 量杯糖粉

1. 用厨师机低速搅打奶油奶酪、黄油、香草精和 2 小勺牛奶至顺滑状态。打入糖粉，每次打入 1 量杯。
2. 慢慢打入剩余的牛奶，直到足以使糖霜顺滑、易涂抹。如果糖霜太浓稠，就打入更多牛奶（每次只加几滴）。如果糖霜太稀，就再打入一点点糖粉。

3. 给24个蛋糕涂抹糖霜（约需2½量杯）。剩余的糖霜密封后，冷藏最多可储存5天，冷冻最多可储存1个月。从冰箱中取出后，在室温下静置30分钟使其软化；使用前搅拌一下。

约2大勺糖霜：能量160千卡；总脂肪6克（饱和脂肪3.5克；反式脂肪0克）；胆固醇20毫克；钠55毫克；总碳水化合物24克（膳食纤维0克）；蛋白质0克

巧克力奶油奶酪糖霜：添加2盎司无糖巧克力，与黄油一起熔化并冷却10分钟。

松软白糖霜

准备时间：**25分钟**
制作时间：**1小时5分钟**

2个大号鸡蛋的蛋白
½量杯白糖
¼量杯浅色玉米糖浆
2大勺水
1小勺香草精

1. 将蛋白在室温下静置30分钟（与冷藏过的蛋白相比，室温下的蛋白搅打后体积更大）。用厨师机高速搅打蛋白至刚刚硬性发泡。

2. 在炖锅中搅拌白糖、玉米糖浆和水，直至混合均匀。盖上锅盖，用中火加热至沸腾。揭开锅盖，继续煮4~8分钟，不搅拌，直至熬糖温度计显示温度达到117℃，或者直至少量糖浆滴入一杯冰水中能够形成一个受到按压不变形的硬球。要想测得精准的温度，须稍稍倾斜炖锅以使温度计没入足够深的糖浆中进行测量。

3. 将热糖浆以细流状缓缓倒入蛋白，同时不停中速搅拌。加入香草精，高速搅打10分钟左右或者直至蛋白硬性发泡。

4. 给24个蛋糕涂抹做好的糖霜。剩余的糖霜密封后冷藏，最多可以储存2天；不能冷冻。从冰箱中取出后，在室温下静置30分钟使其软化；不要搅拌。

2大勺糖霜：能量30千卡；总脂肪0克（饱和脂肪0克；反式脂肪0克）；胆固醇0毫克；钠5毫克；总碳水化合物7克（膳食纤维0克）；蛋白质0克

松软奶油硬糖糖霜：用压实的红糖代替白糖。香草精减至½小勺。

松软樱桃坚果糖霜：拌入¼量杯糖渍樱桃碎、¼量杯坚果碎；如果需要的话，还可以加入6~8滴红色食用色素。

松软薄荷糖霜：拌入⅓量杯粗略碾碎的薄荷硬糖或者½小勺薄荷提取物。

装饰糖霜

准备时间：**10分钟**
制作时间：**10分钟**

½量杯黄油或者人造黄油，软化
¼量杯起酥油
1小勺香草精
⅛小勺盐
4量杯糖粉
2~4大勺牛奶或者水

1. 用厨师机中速搅打黄油和起酥油至轻盈松软。打入香草精和盐。

2. 将厨师机调至低速，打入糖粉，每次打入1量杯，并不时将粘在碗壁上的混合物刮下来。加入2小勺牛奶，高速搅打至轻盈松软。慢慢打入剩余的牛奶，直到足以使糖霜顺滑、易涂抹。给24个蛋糕涂抹糖霜（约需3量杯）。

2大勺糖霜：能量140千卡；总脂肪6克（饱和脂肪3克；反式脂肪0.5克）；胆固醇10毫克；钠40毫克；总碳水化合物20克（膳食纤维0克）；蛋白质0克

巧克力酸奶油蛋糕（第 36 页）

第二章

绝对好吃的纸杯蛋糕

巧克力无比派蛋糕

24 个
准备时间：**30 分钟**
制作时间：**1 小时 25 分钟**

蛋糕
巧克力蛋糕（第 13 页）
馅料
1 量杯打发的、可直接涂抹的松软白糖霜
3/4 量杯棉花糖酱

1. 按照配方的要求烘焙和冷却巧克力蛋糕。
2. 在小碗中混合糖霜和棉花糖酱。将蛋糕水平切成两半，在两个切面各涂抹 1 大勺馅料，再将两半合在一起。

1 个蛋糕： 能量 210 千卡；总脂肪 9 克（饱和脂肪 2.5 克；反式脂肪 1.5 克）；胆固醇 20 毫克；钠 190 毫克；总碳水化合物 29 克（膳食纤维 1 克）；蛋白质 2 克

甜蜜小贴士

这些蛋糕是便于携带的午餐甜点，因为糖霜在蛋糕内部而非顶部。

使用蛋糕预拌粉

用一盒魔鬼蛋糕预拌粉代替巧克力蛋糕。按照包装盒上的说明用蛋糕预拌粉制作纸杯蛋糕，然后按照配方继续制作。

樱桃干开心果蛋糕

24个
准备时间：**50分钟**
制作时间：**1小时50分钟**

蛋糕
黄蛋糕（第12页）
½量杯黄油或者人造黄油，软化
¾量杯红糖，压实
½量杯白砂糖
1块（3盎司）奶油奶酪，软化
1量杯樱桃干碎
½量杯开心果碎
糖霜
香草奶油霜糖霜（第18页）
装饰
¾量杯樱桃干碎
½量杯开心果碎

1. 按照配方的要求制作黄蛋糕，不同之处是：使用½量杯黄油、¾量杯红糖，½量杯白砂糖；将奶油奶酪和香草精一起打入面糊；拌入1量杯樱桃干碎和½量杯开心果碎。按照要求烘焙和冷却。

2. 按照配方的要求制作香草奶油霜糖霜，并给蛋糕涂抹糖霜。用¾量杯樱桃干碎和½量杯开心果碎装饰每个蛋糕。

1个蛋糕：能量370千卡；总脂肪13克（饱和脂肪7克；反式脂肪0克）；胆固醇55毫克；钠160毫克；总碳水化合物60克（膳食纤维1克）；蛋白质3克

甜蜜小贴士

蛋糕烘焙好后，先不涂抹糖霜，而是装入密封容器并放入冰箱冷冻。要食用的时候，提前几小时解冻、涂抹糖霜和装饰。

使用蛋糕预拌粉

用一盒白蛋糕预拌粉代替黄蛋糕。按照包装盒上的说明用蛋糕预拌粉制作纸杯蛋糕，不同之处是：使用1¼量杯水、⅓量杯油和4个蛋白；打入1块（3盎司）软化的奶油奶酪；将1量杯樱桃干碎和½量杯开心果碎与1大勺中筋面粉混合均匀后拌入面糊；烘焙20～24分钟，按照包装盒上的说明冷却。至于糖霜，用1罐可直接涂抹的香草奶油霜代替。按照配方的要求装饰。

巧克力糖霜蛋糕

12个
准备时间：**40分钟**
制作时间：**1小时45分钟**

蛋糕
1¼量杯中筋面粉
⅔量杯白砂糖
1½小勺泡打粉
¼小勺盐
½量杯脱脂牛奶
⅓量杯无盐黄油或者不含反式脂肪的68%的植物油膏棒，软化
2小勺香草精
3个蛋白

糖霜
1½量杯糖粉
¼量杯无糖可可粉
2大勺无盐黄油或者不含反式脂肪的68%的植物油膏棒，软化
2小勺香草精
1～3大勺脱脂牛奶

1. 烤箱预热至180℃。在12个常规大小的麦芬模中分别放入纸模。
2. 用厨师机低速搅打除蛋白之外的蛋糕原料，搅打30秒；将厨师机调至中速，搅打1分钟。加入蛋白，中速搅打1分钟。将面糊平均分到各个纸模中。
3. 烘焙28～32分钟，或者烘焙至将牙签插入蛋糕中心后拔出来时表面是干净的，而且蛋糕顶部开始变焦黄。冷却2分钟。从模具中取出蛋糕，放在冷却架上冷却。
4. 用厨师机低速搅拌糖粉、可可粉、2大勺黄油、2小勺香草精和1大勺牛奶。分次打入剩余的牛奶，使糖霜顺滑、易涂抹。给蛋糕涂抹糖霜。

1个蛋糕：能量240千卡；总脂肪7克（饱和脂肪4.5克；反式脂肪0克）；胆固醇20毫克；钠130毫克；总碳水化合物38克（膳食纤维1克）；蛋白质3克

甜蜜小贴士

将这些巧克力蛋糕与你喜爱的冰激凌和糖果碎搭配在一起，尽情享用吧！

使用蛋糕预拌粉

用一盒白蛋糕预拌粉代替上面的蛋糕。按照包装盒上的说明用蛋糕预拌粉制作纸杯蛋糕。糖霜换成1罐可直接涂抹的巧克力奶油霜。共制作24个纸杯蛋糕。

麦乳精球蛋糕

24 个
准备时间：**35 分钟**
制作时间：**1 小时 30 分钟**

蛋糕
黄蛋糕（第 12 页）
1 量杯麦乳精球，敲碎
¼ 量杯原味麦乳精
麦乳精糖霜
¼ 量杯黄油或者人造黄油，软化
2 量杯糖粉
2 大勺原味麦乳精
1 大勺无糖可可粉
2 大勺牛奶
装饰
⅔ 量杯麦乳精球，敲碎

1. 按照配方的要求制作黄蛋糕，不同之处是：添加 1 量杯麦乳精球碎和 ¼ 量杯原味麦乳精。按照要求烘焙和冷却。
2. 用厨师机中速搅打制作糖霜的原料，搅打至顺滑、易涂抹。给蛋糕涂抹糖霜。用 ⅔ 量杯麦乳精球碎装饰蛋糕。

1个蛋糕：能量 260 千卡；总脂肪 12 克（饱和脂肪 8 克；反式脂肪 0 克）；胆固醇 55 毫克；钠 220 毫克；总碳水化合物 36 克（膳食纤维 0 克）；蛋白质 2 克

甜蜜小贴士

麦乳精球冷冻后更容易弄碎。将它们放在可重复密封保鲜袋中冷冻 30 分钟，然后用擀面杖或者松肉锤轻轻敲打至破碎。

使用蛋糕预拌粉

用一盒黄蛋糕预拌粉代替黄蛋糕。按照包装盒上的说明用蛋糕预拌粉制作纸杯蛋糕，不同之处是：添加 1 量杯麦乳精球碎以及 ¼ 量杯原味麦乳精。按照包装盒上的说明烘焙和冷却。按照配方的要求涂抹糖霜。

巧克力橙子蛋糕

24 个
准备时间：**50 分钟**
制作时间：**1 小时 50 分钟**

蛋糕
巧克力蛋糕（第 13 页）
2 大勺橙子皮屑
巧克力橙子糖霜
½ 量杯黄油或者人造黄油，软化
3 盎司无糖巧克力，熔化，冷却
3 量杯糖粉
2 小勺香草精
2～3 大勺橙子汁
装饰
6 块橘子瓣糖

1. 按照配方的要求制作巧克力蛋糕，不同之处是：在添加香草精时加入橙子皮屑。按照要求烘焙和冷却。
2. 在大碗中将黄油和巧克力混合均匀。拌入糖粉。加入香草精和 2 大勺橙子汁，打至顺滑。如有必要，加入更多橙子汁，每次加 1 小勺，搅打至易涂抹。给蛋糕涂抹糖霜。
3. 将每块橘子瓣糖水平切成两半，再将每一半平均切成 6 片。每个蛋糕用 3 片橘子瓣糖装饰。

1个蛋糕： 能量 300 千卡；总脂肪 13 克（饱和脂肪 6 克；反式脂肪 1 克）；胆固醇 30 毫克；钠 210 毫克；总碳水化合物 43 克（膳食纤维 2 克）；蛋白质 2 克

甜蜜小贴士

如果没有橘子瓣糖，可以使用橙色装饰糖。这些蛋糕用于万圣节派对时，可以使用装饰性的万圣节纸杯蛋糕纸模。

使用蛋糕预拌粉

用一盒魔鬼蛋糕预拌粉代替巧克力蛋糕。按照包装盒上的说明用蛋糕预拌粉制作纸杯蛋糕，不同之处是：使用 1¼ 量杯水、½ 量杯植物油、3 个鸡蛋和 2 大勺橙子皮屑。按照说明烘焙和冷却。按照配方的要求涂抹糖霜和装饰。

柠檬奶油蛋糕

24 个
准备时间：**1 小时**
制作时间：**2 小时**

蛋糕
黄蛋糕（第 12 页）
馅料和糖霜
香草奶油霜糖霜（第 18 页）
$1/2$ 量杯棉花糖酱
2 小勺柠檬皮屑
4 小勺新鲜柠檬汁
装饰
$1/4$ 量杯星形装饰糖

1. 按照配方的要求制作、烘焙和冷却黄蛋糕。
2. 用木勺的圆柄末端在每个蛋糕顶部中央挖一个直径 $3/4$ 英寸的坑，但是不要挖得太靠近底部（扭动勺子柄没入蛋糕，使坑足够大）。
3. 制作香草奶油霜糖霜。在小碗中混合 $3/4$ 量杯香草奶油霜糖霜和棉花糖酱，用勺子将混合物舀到小一点儿的可重复密封保鲜袋中；密封保鲜袋。在保鲜袋底部一角剪去一个 $3/8$ 英寸的尖儿，再将这个角插入蛋糕中；挤压保鲜袋，填充蛋糕。
4. 在剩余的香草奶油霜糖霜中拌入柠檬皮屑和柠檬汁。给蛋糕涂抹糖霜，并撒上星形装饰糖。

1 个蛋糕：能量 350 千卡；总脂肪 14 克（饱和脂肪 9 克；反式脂肪 0.5 克）；胆固醇 60 毫克；钠 220 毫克；总碳水化合物 52 克（膳食纤维 0 克）；蛋白质 2 克

甜蜜小贴士

你需要准备几个柠檬？一个柠檬可以提供 2～3 大勺柠檬汁和 $1\frac{1}{2}$～3 小勺柠檬皮屑。

使用蛋糕预拌粉

用一盒黄蛋糕预拌粉代替黄蛋糕。按照包装盒上的说明用蛋糕预拌粉制作蛋糕，按照配方的要求在蛋糕上挖坑。在小碗中混合 $3/4$ 量杯打发的、可直接涂抹的香草奶油霜和 $1/2$ 量杯棉花糖酱，按照配方的要求填入蛋糕中。将 1 罐打发的、可直接涂抹的香草奶油霜、2 小勺柠檬皮屑和 4 小勺新鲜柠檬汁搅拌在一起，制成糖霜。给蛋糕涂抹糖霜，并撒上星形装饰糖。

红丝绒蛋糕配棉花糖酱糖霜

24 个

准备时间：**40 分钟**

制作时间：**1 小时 30 分钟**

蛋糕

$2\frac{1}{4}$ 量杯中筋面粉

$\frac{1}{4}$ 量杯无糖可可粉

1 小勺盐

$\frac{1}{2}$ 量杯黄油或者人造黄油，软化

$1\frac{1}{2}$ 量杯白砂糖

2 个鸡蛋

1 瓶（1 盎司）红色食用色素（约 2 大勺）

$1\frac{1}{2}$ 小勺香草精

1 量杯酪乳

1 小勺小苏打

1 大勺白醋

糖霜

1 罐（7～7.5 盎司）棉花糖酱

1 量杯黄油或人造黄油，软化

2 量杯糖粉

装饰

叶子形薄荷软糖，可选

红色肉桂糖，可选

椰丝，可选

1. 烤箱预热至 180℃。在 24 个常规大小的麦芬模中分别放入纸模。在小碗中混合面粉、可可粉和盐，放在一旁备用。

2. 用厨师机中速搅打白砂糖和 $\frac{1}{2}$ 量杯黄油，直至混合均匀。加入鸡蛋，搅打 1～2 分钟或者打至轻盈松软。拌入红色食用色素和香草精。将厨师机调至低速，交替加入面粉混合物（每次大约加入总量的 $\frac{1}{3}$）和酪乳（每次大约加入总量的 $\frac{1}{2}$），搅打均匀。加入小苏打和白醋，搅打均匀。

3. 将面糊平均分到各个纸模中，每个纸模中的面糊大约占纸模容量的 $\frac{2}{3}$。

4. 烘焙 20～22 分钟，或者烘焙至将牙签插入蛋糕中心后拔出来时表面是干净的。从模具中取出蛋糕，放在冷却架上冷却。

5. 打开装棉花糖酱的罐子的盖子和密封锡纸，用微波炉高火加热 15～20 秒，使棉花糖酱软化。用厨师机中速搅打棉花糖酱和 1 量杯黄油，打至顺滑。加入糖粉，打至顺滑。在每个蛋糕上放满满 1 大勺糖霜，用勺背在糖霜上打旋并提起，使糖霜松软卷翘。

6. 装饰蛋糕的时候，在蛋糕顶部点缀椰丝。将每块叶子形薄荷软糖水平切成两半，摆放在蛋糕顶部充当冬青叶，再放 3 颗红色肉桂糖充当浆果。

1 个涂抹了糖霜的蛋糕（未装饰的）：能量 280 千卡；总脂肪 12 克（饱和脂肪 8 克；反式脂肪 0 克）；胆固醇 50 毫克；钠 250 毫克；总碳水化合物 40 克（膳食纤维 0 克）；蛋白质 2 克

使用蛋糕预拌粉

用一盒魔鬼蛋糕预拌粉代替上面的蛋糕。按照包装盒上的说明用蛋糕预拌粉制作纸杯蛋糕，不同之处是：使用 $1\frac{1}{4}$ 量杯水、$\frac{1}{2}$ 量杯植物油和 3 个鸡蛋，再加入 1 瓶（1 盎司）红色食用色素。按照说明烘焙和冷却。至于糖霜，用 1 罐打发的、可直接涂抹的香草奶油霜与 1 量杯棉花糖酱的混合物代替。按照配方的要求涂抹糖霜和装饰。

丰收苹果蛋糕配奶油奶酪糖霜

24 个
准备时间：**1 小时**
制作时间：**2 小时 15 分钟**

蛋糕
$1\frac{1}{2}$ 量杯白糖
1 量杯植物油
3 个鸡蛋
2 量杯中筋面粉
2 小勺肉桂粉
1 小勺小苏打
1 小勺香草精
$\frac{1}{2}$ 小勺盐
3 量杯酸苹果碎
1 量杯粗略切碎的坚果
糖霜
奶油奶酪糖霜（第 18 页）

1. 烤箱预热至 180°C。在 24 个常规大小的麦芬模中分别放入纸模。
2. 用厨师机低速搅打白糖、植物油和鸡蛋，搅打 30 秒左右或者搅打至混合均匀。加入面粉、肉桂粉、小苏打、香草精和盐，将厨师机调至低速，搅打 1 分钟。拌入苹果碎和坚果碎。
3. 将面糊平均分到各个纸模中，每个纸模中的面糊大约占纸模容量的 $\frac{1}{2}$。
4. 烘焙 30～35 分钟，或者烘焙至将牙签插入蛋糕中心后拔出来时表面是干净的。冷却 10 分钟。从模具中取出蛋糕，放在冷却架上冷却。
5. 按照配方的要求制作奶油奶酪糖霜。给蛋糕涂抹糖霜。将涂抹了糖霜的蛋糕或者剩下的糖霜盖好，放入冰箱冷藏。

1 个蛋糕：能量 350 千卡；总脂肪 18 克（饱和脂肪 5 克；反式脂肪 0 克）；胆固醇 40 毫克；钠 150 毫克；总碳水化合物 43 克（膳食纤维 1 克）；蛋白质 3 克

甜蜜小贴士

挑选苹果时要严格一些。烹饪用苹果（如瑞光苹果和澳洲青苹果）质地坚硬，在烘焙过程中能够保持形状。

使用蛋糕预拌粉

用一盒白蛋糕预拌粉代替上面的蛋糕。在 28 个常规大小的麦芬模中分别放入纸模。按照包装盒上的说明用蛋糕预拌粉制作纸杯蛋糕，不同之处是：添加 2 小勺放了蛋白的肉桂粉；拌入 3 量杯细细切碎的酸苹果和 1 量杯细细切碎的坚果；烘焙 29～33 分钟。至于糖霜，用 1 罐可直接涂抹的奶油奶酪霜代替。按照配方的要求涂抹糖霜和装饰。共制作 28 个纸杯蛋糕。

可爱的苹果酱蛋糕

24 个
准备时间：**1 小时**
制作时间：**2 小时 5 分钟**

蛋糕
$2\frac{1}{3}$ 量杯中筋面粉
$2\frac{1}{2}$ 小勺泡打粉
$\frac{1}{2}$ 小勺盐
$\frac{1}{2}$ 小勺肉桂粉
1 量杯黄油或人造黄油，软化
$1\frac{1}{4}$ 量杯白糖
3 个鸡蛋
$\frac{1}{2}$ 量杯无糖苹果酱
1 小勺香草精
$\frac{1}{2}$ 量杯苹果汁
糖霜
香草奶油霜糖霜（第 18 页）
$\frac{1}{2}$ 小勺红色膏状食用色素
装饰
12 块细椒盐卷饼，掰成小段
16 块叶子形薄荷软糖
12 条毛毛虫形软糖，水平切成两半，可选

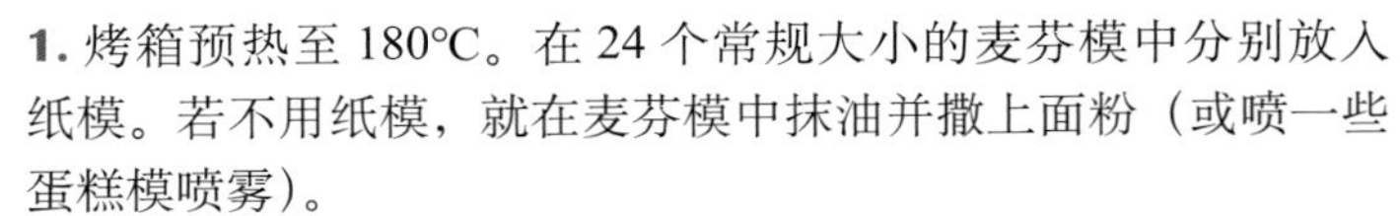

1. 烤箱预热至 180℃。在 24 个常规大小的麦芬模中分别放入纸模。若不用纸模，就在麦芬模中抹油并撒上面粉（或喷一些蛋糕模喷雾）。
2. 在中碗中混合面粉、泡打粉、盐和肉桂粉，放在一旁备用。
3. 用厨师机中速搅打黄油，搅打 30 秒。分次加入白糖，每次加大约 $\frac{1}{4}$ 量杯并搅打均匀，并不时将粘在碗壁上的混合物刮下来。继续搅打 2 分钟。加入鸡蛋，每次加 1 个并搅打均匀。打入苹果酱和香草精。将厨师机调至低速，交替加入面粉混合物（每次大约加入总量的 $\frac{1}{3}$）和苹果汁（每次大约加入总量的 $\frac{1}{2}$），搅打均匀。
4. 将面糊平均分到各个纸模中，每个纸模中的面糊大约占纸模容量的 $\frac{2}{3}$。
5. 烘焙 20～25 分钟，或者烘焙至蛋糕呈金黄色、将牙签插入蛋糕中心后拔出来时表面是干净的。让蛋糕在模具中冷却 5 分钟。从模具中取出蛋糕，放在冷却架上冷却。
6. 按照配方的要求制作香草奶油霜糖霜。拌入膏状食用色素。给蛋糕涂抹糖霜。
7. 装饰蛋糕的时候，在每个蛋糕上插一小段椒盐卷饼充当苹果的柄。将每块叶子形薄荷软糖水平切成 3 小片，在每个蛋糕上的卷饼两侧各插一小片。再在每个蛋糕上插半条“毛毛虫”。

1 个蛋糕：能量 350 千卡；总脂肪 14 克（饱和脂肪 8 克；反式脂肪 0.5 克）；胆固醇 60 毫克；钠 220 毫克；总碳水化合物 54 克（膳食纤维 0 克）；蛋白质 2 克

甜蜜小贴士

不喜欢无糖苹果酱？用普通苹果酱做这些蛋糕也很好吃！

雪球蛋糕

24 个
准备时间：**55 分钟**
制作时间：**1 小时 50 分钟**

蛋糕
巧克力蛋糕（第 13 页）
½ 量杯酸奶油
1 块（3 盎司）奶油奶酪，切成 24 个小方块
糖霜
½ 量杯白糖
2 大勺水
2 个蛋白
1 罐（7 盎司）棉花糖酱
1 小勺香草精
装饰
2 量杯椰丝

1. 按照配方的要求制作巧克力蛋糕，不同之处是：在添加香草精时一起加入酸奶油。分装面糊后，在每个模具中央放一小块奶油奶酪并向下按压（奶油奶酪的顶部依然可见）。按照配方的要求烘焙和冷却。
2. 在容量为 2 夸脱的不锈钢或者其他无涂层炖锅中混合白糖、水和蛋白。小火煮大约 4 分钟，并用手持式搅拌器持续高速搅打，直至混合物软性发泡。加入棉花糖酱，搅打至硬性发泡。将炖锅从炉子上拿开，打入香草精。
3. 给蛋糕涂抹糖霜，然后用满满 1 大勺椰丝装饰每个蛋糕的顶部。盖好，放入冰箱冷藏。

1个蛋糕： 能量 270 千卡；总脂肪 12 克（饱和脂肪 5 克；反式脂肪 1 克）；胆固醇 25 毫克；钠 220 毫克；总碳水化合物 36 克（膳食纤维 1 克）；蛋白质 3 克

甜蜜小贴士

用椰丝装饰雪球蛋糕的时候，可以添加可食用闪粉或者装饰糖。

使用蛋糕预拌粉

用一盒魔鬼蛋糕预拌粉代替巧克力蛋糕。按照包装盒上的说明用蛋糕预拌粉制作蛋糕，不同之处是：使用 ⅔ 量杯水、½ 量杯酸奶油、⅓ 量杯植物油和 2 个鸡蛋。在每个模具中央放一小块奶油奶酪并向下按压（奶油奶酪的顶部依然可见）。烘焙 22～27 分钟。按照包装盒上的说明冷却蛋糕，按照配方的要求涂抹糖霜和装饰。

向日葵蛋糕花束

72 个
准备时间：**1 小时 35 分钟**
制作时间：**1 小时 55 分钟**

蛋糕
白蛋糕（第 14 页）
糖霜
装饰糖霜（第 19 页）
黄色食用色素
装饰
72 颗黑色软覆盆子
绿色纸巾
绿色容器或者绿色陶罐
绿色花泥
7 根木签
7 颗绿色甘草糖
7 颗叶子形薄荷糖

1. 按照白蛋糕配方的要求制作、烘焙和冷却 72 个迷你蛋糕。
2. 制作装饰糖霜，然后拌入食用色素并完全搅拌均匀。用勺子将糖霜舀到装有 18 号星形裱花嘴的裱花袋中。
3. 在每个蛋糕上，用裱花嘴从中心向边缘挤出 6 条线，形成间距均匀的辐条图案。用同一个裱花嘴，从蛋糕的中心开始画环：沿着每根辐条的一侧向外画，在蛋糕的边缘转弯，沿着紧邻的一根辐条向里画，回到蛋糕的中心，制作出 1 片花瓣。再重复 5 次，共制作出 6 片花瓣。在每个蛋糕的中心放 1 颗黑色软覆盆子。
4. 在容器里面放两张绿色纸巾。切下适量的花泥放入容器。在一根木签上穿 1 颗绿色甘草糖，再穿 1 颗叶子形薄荷糖，然后穿一个蛋糕。按照这个方法再制作 6 朵花，然后将 7 朵花插在容器中，再将剩余的蛋糕放在大平盘里。

1 个迷你蛋糕：能量 110 千卡；总脂肪 4.5 克（饱和脂肪 1.5 克；反式脂肪 0.5 克）；胆固醇 0 毫克；钠 55 毫克；总碳水化合物 17 克（膳食纤维 0 克）；蛋白质 1 克

甜蜜小贴士

用 7 个蛋糕制作一束漂亮的花，其余的蛋糕则放在大平盘里。如果你喜欢，可以制作更多的花束作为餐桌中央的摆设。

使用蛋糕预拌粉

用一盒白蛋糕预拌粉代替白蛋糕。按照包装盒上的说明用蛋糕预拌粉制作蛋糕，72 个迷你纸模都只装 ¾（每个大约装堆得高高的 1 大勺面糊）。烘焙 10～15 分钟或者烘焙至将牙签插入蛋糕中心后拔出来时表面是干净的。装饰蛋糕的时候，使用 2 罐可直接涂抹的香草奶油霜，拌入 1 量杯糖粉和食用色素，搅拌均匀。将糖霜挤到蛋糕上后，在蛋糕顶部放 1 颗黑色软覆盆子，然后按照配方的要求继续制作。

橙子苏打蛋糕

12 个
准备时间：**15 分钟**
制作时间：**1 小时 10 分钟**

2 量杯中筋面粉
$3/4$ 量杯白糖
1 小勺泡打粉
$1/2$ 小勺小苏打
$1/2$ 小勺盐
$1/2$ 小勺橙子皮屑
$1/3$ 量杯黄油或者人造黄油，软化
1 量杯（8 盎司）橙子味碳酸饮料
2 个鸡蛋
糖粉（或喜欢的糖霜）

1. 烤箱预热至 180°C。在 12 个常规大小的麦芬模中分别放入纸模。
2. 用厨师机低速搅打除糖粉外的所有原料，搅打 30 秒，并不时将粘在碗壁上的混合物刮下来。将厨师机调至中速，搅打 2 分钟，并不时将粘在碗壁上的混合物刮下来。将面糊平均分装到纸模中。
3. 烘焙 20～25 分钟，或者烘焙至将牙签插入蛋糕中心后拔出来时表面是干净的。冷却 5 分钟后，从模具中取出蛋糕，放在冷却架上冷却。撒上糖粉或者涂抹自己喜欢的糖霜。

1个蛋糕：能量 190 千卡；总脂肪 6 克（饱和脂肪 3.5 克；反式脂肪 0 克）；胆固醇 50 毫克；钠 240 毫克；总碳水化合物 31 克（膳食纤维 0 克）；蛋白质 3 克

甜蜜小贴士

你喜欢苏打蛋糕却不喜欢橙子味的？将饮料换成你喜欢的口味就行了。

使用蛋糕预拌粉

用一盒白蛋糕预拌粉代替上面的蛋糕。按照包装盒上的说明用蛋糕预拌粉制作纸杯蛋糕，不同之处是：使用 $1\frac{1}{4}$ 量杯橙子味碳酸饮料、$1/3$ 量杯植物油、3 个蛋白，并且在加入碳酸饮料时一起加入 1 小勺橙子皮屑。按照包装盒上的说明烘焙和冷却。用糖粉或糖霜装饰做好的蛋糕。共制作 24 个纸杯蛋糕。

巧克力酸奶油蛋糕

24 个
准备时间：**40 分钟**
制作时间：**1 小时 40 分钟**

蛋糕
2 量杯中筋面粉
⅔ 量杯无糖可可粉
1¼ 小勺小苏打
1 小勺盐
¼ 小勺泡打粉
¾ 量杯起酥油
1½ 量杯白砂糖
2 个鸡蛋
½ 量杯酸奶油
1 小勺香草精
1 量杯水
浓郁巧克力奶油糖霜
4 量杯（1 磅）糖粉
1 量杯黄油或人造黄油，软化
3～4 大勺牛奶
1½ 小勺香草精
3 盎司无糖巧克力，熔化，冷却

1. 烤箱预热至 180°C。在 24 个常规大小的麦芬模中分别放入纸模。在中碗中混合面粉、可可粉、小苏打、盐和泡打粉，放在一旁备用。
2. 用厨师机中速搅打起酥油，搅打 30 秒。分次加入白砂糖，每次加入大约 ¼ 量杯。继续搅打 2 分钟。打入鸡蛋，每次加入 1 个并搅打均匀。加入酸奶油和香草精并搅打均匀。将厨师机调至低速，交替加入面粉混合物（每次大约加入总量的 ⅓）和水（每次大约加入总量的 ½），搅打均匀。
3. 将面糊平均分到各个纸模中，每个纸模中的面糊大约占纸模容量的 ⅔。
4. 烘焙 20～25 分钟，或者烘焙至将牙签插入蛋糕中心后拔出来时表面是干净的。冷却 5 分钟。从模具中取出蛋糕，放在冷却架上冷却。
5. 用厨师机中速搅打制作糖霜的原料，搅打至顺滑、易涂抹。如有必要，拌入更多牛奶，每次拌入 1 小勺。用勺子将糖霜舀到装有 6 号星形裱花嘴的裱花袋中，将糖霜挤到蛋糕上，或者根据需要涂抹糖霜。

1 个蛋糕：能量 340 千卡；总脂肪 18 克（饱和脂肪 9 克；反式脂肪 1.5 克）；胆固醇 40 毫克；钠 240 毫克；总碳水化合物 42 克（膳食纤维 1 克）；蛋白质 2 克

甜蜜小贴士

如果想更便捷，你可以使用可直接涂抹的巧克力奶油霜。

使用蛋糕预拌粉

用一盒巧克力乳脂软糖蛋糕预拌粉代替上面的蛋糕。按照包装盒上的说明用蛋糕预拌粉制作纸杯蛋糕并烘焙和冷却。按照配方的要求涂抹糖霜。

巧克力豆奶酪旋涡蛋糕

24 个
准备时间：**30 分钟**
制作时间：**1 小时 30 分钟**

馅料

$\frac{1}{2}$ 量杯白糖
2 块（每块 3 盎司）奶油奶酪，软化
1 个鸡蛋
1 量杯（6 盎司）半甜巧克力豆

蛋糕

$2\frac{1}{4}$ 量杯中筋面粉
$1\frac{2}{3}$ 量杯白糖
$\frac{1}{4}$ 量杯无糖可可粉
$1\frac{1}{4}$ 量杯水
$\frac{1}{2}$ 量杯植物油
2 大勺白醋
2 小勺小苏打
2 小勺香草精
1 小勺盐

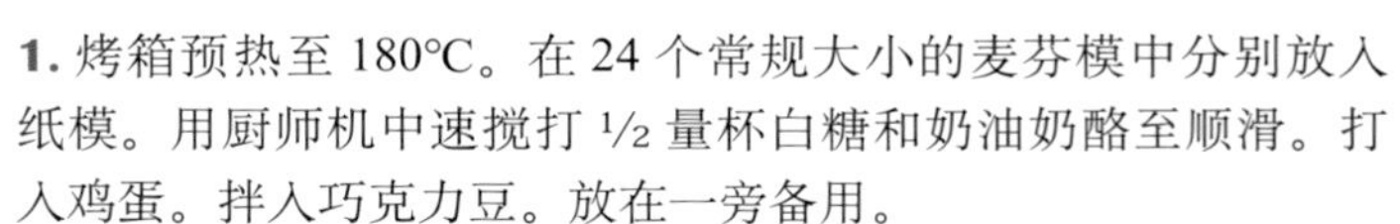

1. 烤箱预热至 180°C。在 24 个常规大小的麦芬模中分别放入纸模。用厨师机中速搅打 $\frac{1}{2}$ 量杯白糖和奶油奶酪至顺滑。打入鸡蛋。拌入巧克力豆。放在一旁备用。
2. 用厨师机低速搅打制作蛋糕的所有原料，搅打 30 秒，并不时将粘在碗壁上的混合物刮下来。将厨师机调至高速，继续搅打 3 分钟，并不时将粘在碗壁上的混合物刮下来。留出 $1\frac{1}{2}$ 量杯面糊。
3. 将其余的面糊分装到纸模中，每个纸模中的面糊大约占纸模容量的 $\frac{1}{3}$。舀 1 大勺馅料到每个纸模中的面糊上，再从预留的面糊中舀 $\frac{1}{2}$ 大勺覆盖在上面。
4. 烘焙 30 ~ 35 分钟，或者烘焙至将牙签插入蛋糕中心和边缘之间后拔出来时表面是干净的。从模具中取出蛋糕，放在冷却架上冷却。盖好，放入冰箱冷藏。

1 个蛋糕： 能量 230 千卡；总脂肪 10 克（饱和脂肪 3.5 克；反式脂肪 0 克）；胆固醇 15 毫克；钠 230 毫克；总碳水化合物 32 克（膳食纤维 1 克）；蛋白质 2 克

甜蜜小贴士

带着这些有奶油奶酪旋涡的蛋糕去野餐真是棒极了。你可以在前一天做好，这样就能用它们款待各个年龄段的孩子了。

使用蛋糕预拌粉

按照配方的要求制作馅料。用一盒魔鬼蛋糕预拌粉代替上面的蛋糕。按照包装盒上的说明用蛋糕预拌粉制作纸杯蛋糕。留出 $1\frac{1}{2}$ 量杯面糊。将其余的面糊分装到纸模中，每个纸模中的面糊大约占纸模容量的 $\frac{1}{3}$。舀 1 大勺馅料到每个纸模中的面糊上，再从预留的面糊中舀 1 大勺覆盖在上面。按照包装盒上的说明烘焙和冷却。

花生酱蛋糕配巧克力糖霜

24 个
准备时间：**45 分钟**
制作时间：**1 小时 45 分钟**

蛋糕
黄蛋糕（第 12 页）
$^{3}/_{4}$ 量杯奶油花生酱
糖霜
奶油巧克力糖霜（第 18 页）
$^{1}/_{4}$ 量杯奶油花生酱
装饰
$^{1}/_{3}$ 量杯花生碎

1. 按照配方的要求制作黄蛋糕，不同之处是：将黄油的用量减至 $^{3}/_{4}$ 量杯，在添加香草精时一起加入 $^{3}/_{4}$ 量杯花生酱。按照配方的要求烘焙和冷却。
2. 按照配方的要求制作奶油巧克力糖霜，不同之处是：拌入 $^{1}/_{4}$ 量杯奶油花生酱。给蛋糕涂抹糖霜，然后撒上花生碎并且轻轻按压。

1个蛋糕：能量 350 千卡；总脂肪 18 克（饱和脂肪 8 克；反式脂肪 0 克）；胆固醇 55 毫克；钠 250 毫克；总碳水化合物 40 克（膳食纤维 1 克）；蛋白质 5 克

使用蛋糕预拌粉

用一盒黄蛋糕预拌粉代替黄蛋糕。按照包装盒上的说明用蛋糕预拌粉制作纸杯蛋糕，不同之处是：使用 $1^{1}/_{4}$ 量杯水、$^{1}/_{4}$ 量杯植物油、3 个鸡蛋，拌入 $^{3}/_{4}$ 量杯奶油花生酱。烘焙 20～25 分钟，或者烘焙至将牙签插入蛋糕中心后拔出来时表面是干净的。糖霜换成 1 罐可直接涂抹的巧克力奶油霜，拌入 $^{1}/_{4}$ 量杯奶油花生酱。给蛋糕涂抹糖霜，然后撒上花生碎并轻轻按压。

彩糖蛋糕

30 个
准备时间：**55 分钟**
制作时间：**3 小时 15 分钟**

蛋糕
黄蛋糕（第 12 页）
1 量杯（约 6.5 盎司）粗略切碎的糖衣巧克力豆

乳脂软糖糖霜
1 量杯白砂糖
½ 量杯无糖可可粉
½ 量杯牛奶
¼ 量杯黄油或者人造黄油
2 大勺浅色玉米糖浆
1 小勺香草精
1½～2 量杯糖粉

装饰
糖衣巧克力豆（约 ¾ 量杯）

1. 按照配方的要求制作黄蛋糕，不同之处是：在 30 个常规大小的麦芬模中分别放入纸模；在每个纸模中的面糊上撒满满 1 小勺切碎的巧克力豆。按照要求烘焙和冷却（如果分批烘焙，将暂时不烘焙的面糊盖好并放入冰箱冷藏）。

2. 在容量为 2 夸脱的炖锅中混合白砂糖和可可粉。拌入牛奶、黄油和浅色玉米糖浆。中大火加热至沸腾，频繁搅拌。煮沸后继续煮 3 分钟，不时搅拌。将炖锅从火上拿开，用勺子拌入香草精和足够多的糖粉，搅打至顺滑、易涂抹。给蛋糕涂抹糖霜。每个蛋糕用 5 颗糖衣巧克力豆装饰。

1个蛋糕：能量 280 千卡；总脂肪 11 克（饱和脂肪 7 克；反式脂肪 0 克）；胆固醇 45 毫克；钠 170 毫克；总碳水化合物 41 克（膳食纤维 1 克）；蛋白质 2 克

甜蜜小贴士

节日里适合制作这种蛋糕。请使用红色或者绿色的糖衣巧克力豆。

使用蛋糕预拌粉

用一盒黄蛋糕预拌粉代替黄蛋糕。按照包装盒上的说明用蛋糕预拌粉制作纸杯蛋糕，不同之处是：使用 1 量杯水、⅓ 量杯植物油和 3 个鸡蛋。在面糊上均匀地撒 ¾ 量杯细细切碎的糖衣巧克力豆。按照包装盒上的说明烘焙和冷却。按照配方的要求涂抹糖霜和装饰。

玛格丽特蛋糕

24 个

准备时间：**45 分钟**

制作时间：**1 小时 45 分钟**

蛋糕

$\frac{3}{4}$ 量杯椒盐卷饼碎

2 大勺黄油或人造黄油，熔化

1 大勺白糖

白蛋糕（第 14 页）

2 小勺酸橙皮屑

$1\frac{1}{4}$ 量杯不含酒精的玛格丽特混合液

糖霜

$1\frac{1}{2}$ 量杯冷冻的（已解冻）植脂奶油

2 盒（每盒 6 盎司）酸橙派味低脂酸奶

2 小勺酸橙皮屑

装饰

$\frac{1}{3}$ 量杯粗略碾碎的椒盐卷饼

1. 烤箱预热至 180℃。在 24 个常规大小的麦芬模中分别放入纸模。在小碗中混合 $\frac{3}{4}$ 量杯椒盐卷饼碎、黄油和白糖。舀大约 1 大勺椒盐卷饼混合物到每个纸模中。

2. 按照配方的要求制作白蛋糕，不同之处是：用玛格丽特混合液代替牛奶；在添加香草精时一起加入 2 小勺酸橙皮屑。按照配方的要求烘焙和冷却。

3. 在中碗中搅拌植脂奶油、酸橙派味低脂酸奶和 2 小勺酸橙皮屑至混合均匀。给蛋糕涂抹糖霜。将 $\frac{1}{3}$ 量杯粗椒盐卷饼碎均匀撒在蛋糕顶部。

1 个蛋糕：能量 180 千卡；总脂肪 7 克（饱和脂肪 3 克；反式脂肪 0 克）；胆固醇 5 毫克；钠 230 毫克；总碳水化合物 27 克（膳食纤维 0 克）；蛋白质 2 克

甜蜜小贴士

将这些纸杯蛋糕放入玛格丽特杯中再端上桌，别有一番趣味哦！

使用蛋糕预拌粉

按照步骤 1 的要求制作椒盐卷饼混合物并用勺子舀到纸模中。用一盒白蛋糕预拌粉代替白蛋糕。按照包装盒上的说明用蛋糕预拌粉制作纸杯蛋糕，不同之处是：使用 $\frac{3}{4}$ 量杯不含酒精的玛格丽特混合液、$\frac{1}{4}$ 量杯水、$\frac{1}{3}$ 量杯植物油、2 小勺酸橙皮屑和 4 个蛋白。按照包装盒上的说明烘焙和冷却。按照配方的要求涂抹糖霜和装饰。

糖粉奶油酥粒草莓大黄酱蛋糕

24 个
准备时间：**1 小时**
制作时间：**1 小时 55 分钟**

糖粉奶油酥粒
½ 量杯中筋面粉
3 大勺白糖
¼ 量杯黄油或者人造黄油，切成小块
蛋糕
14～15 颗（9 盎司）新鲜草莓
¼ 量杯牛奶
2¾ 量杯中筋面粉
3 小勺泡打粉
½ 小勺盐
¾ 量杯起酥油
1½ 量杯白糖
5 个蛋白
2½ 小勺香草精
12 滴红色食用色素
1 量杯细细切碎的大黄
装饰
¾ 量杯淡奶油
2～3 颗新鲜草莓，捣成泥（2 大勺）
完整的新鲜草莓，切成块，可选

1. 烤箱预热至 180℃。在 24 个常规大小的麦芬模中分别放入纸模。若不用纸模，就在麦芬模中抹油并撒上面粉（或者喷一些蛋糕模喷雾）。在小碗中用叉子混合制作糖粉奶油酥粒的原料，搅打至酥松，放在一旁备用。
2. 在搅拌器中放入 14 颗草莓和牛奶。盖上盖子，搅打大约 30 秒，或者搅打至接近顺滑。量出 1¼ 量杯混合物，如果不够，再搅打一些草莓。放在一旁备用。
3. 在中碗中混合 2¾ 量杯中筋面粉、泡打粉和盐。用厨师机中速搅打起酥油，搅打 30 秒。分次加入 1½ 量杯白糖，每次加入大约 ⅓ 量杯并搅打均匀，并不时将粘在碗壁上的混合物刮下来。继续搅打 2 分钟。加入蛋白，每次加入 1 个并搅打均匀。打入香草精和食用色素。将厨师机调至低速，交替加入面粉混合物（每次大约加入总量的 ⅓）和草莓混合物（每次大约加入总量的 ½），搅打均匀。拌入大黄碎。
4. 将面糊平均分到各个纸模中，每个纸模中的面糊大约占纸模容量的 ⅔。在每个纸模中撒约 2 小勺糖粉奶油酥粒并稍稍按压。
5. 烘焙 18～20 分钟，或者烘焙至将牙签插入蛋糕中心后拔出来时表面是干净的。冷却 5 分钟。从模具中取出蛋糕，放在冷却架上冷却。
6. 在经过冷藏的小碗中用手持式搅拌器高速搅打淡奶油，直至硬性发泡。将草莓泥裹入打发的淡奶油。用勺子将淡奶油混合物舀到装有 6 号星形裱花嘴的裱花袋，再挤到或者涂抹到每个蛋糕上。用草莓块装饰蛋糕。

1 个蛋糕： 能量 230 千卡；总脂肪 11 克（饱和脂肪 4.5 克；反式脂肪 1.5 克）；胆固醇 15 毫克；钠 140 毫克；总碳水化合物 29 克（膳食纤维 1 克）；蛋白质 3 克

绿茶柠檬蛋糕

24 个
准备时间：**1 小时**
制作时间：**3 小时**

蛋糕
3/4 量杯开水
2 包绿茶包
柠檬蛋糕（第 15 页）
绿茶柠檬糖霜
1 块（8 盎司）奶油奶酪，软化
1/4 量杯黄油，软化
2 小勺柠檬皮屑
1 小勺香草精
4 量杯（1 磅）糖粉
1～2 小勺预留的沏好的绿茶
装饰
24 块幸运签饼，去掉包装
柠檬皮屑，可选

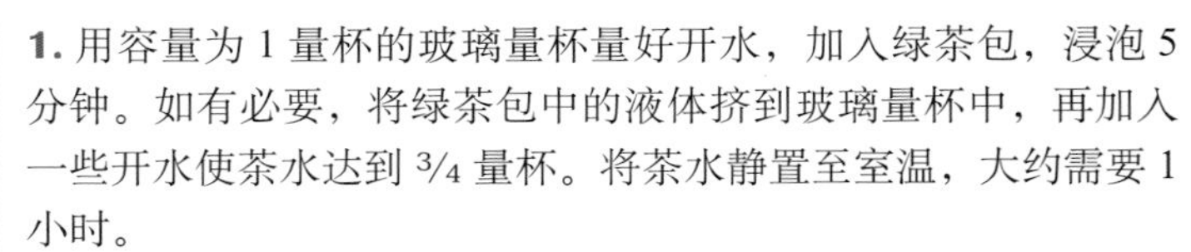

1. 用容量为 1 量杯的玻璃量杯量好开水，加入绿茶包，浸泡 5 分钟。如有必要，将绿茶包中的液体挤到玻璃量杯中，再加入一些开水使茶水达到 3/4 量杯。将茶水静置至室温，大约需要 1 小时。
2. 按照配方的要求制作柠檬蛋糕，不同之处是：用 2/3 量杯沏好的绿茶代替牛奶。（剩余的沏好的绿茶留着用来制作糖霜。）按照要求烘焙和冷却。
3. 同时，用厨师机低速搅打奶油奶酪、黄油、柠檬皮屑和香草精，搅打至顺滑。分次加入糖粉，每次加入 1 量杯，搅打至顺滑。加入 1～2 小勺预留的绿茶，每次加入 1 小勺，搅打至顺滑、易涂抹。
4. 用勺子将糖霜舀到装有 7 号圆形裱花嘴的裱花袋中。在每个蛋糕的顶部挤或者涂抹大约 2 大勺糖霜。食用前，在每个蛋糕的糖霜边缘放 1 块幸运签饼充当茶杯把手。用柠檬皮屑进行装饰。盖好，放入冰箱冷藏。

1 个蛋糕：能量 320 千卡；总脂肪 14 克（饱和脂肪 8 克；反式脂肪 0 克）；胆固醇 60 毫克；钠 250 毫克；总碳水化合物 46 克（膳食纤维 0 克）；蛋白质 3 克

甜蜜小贴士

绿茶是经过蒸煮和脱水的茶叶，未经过发酵，这就使得它具有一种接近于新鲜茶叶的风味。

使用蛋糕预拌粉

用一盒柠檬蛋糕预拌粉代替柠檬蛋糕。按照步骤 1 的要求准备茶水，不同之处是：使用 1 1/4 量杯开水制作 1 1/4 量杯茶水。按照包装盒上的说明用蛋糕预拌粉制作纸杯蛋糕，不同之处是：使用茶水、1/3 量杯植物油和 3 个鸡蛋。按照包装盒上的说明烘焙和冷却。按照配方的要求涂抹糖霜和装饰。

草莓奶油奶酪蛋糕

28 个
准备时间：**20 分钟**
制作时间：**1 小时 45 分钟**

蛋糕
黄蛋糕（第 12 页）
2 大勺加 1 小勺草莓酱
1 块（3 盎司）奶油奶酪，切成 28 块
糖霜
奶油奶酪糖霜（第 18 页）
装饰
切成片的新鲜小草莓，可选

1. 按照要求制作黄蛋糕，不同之处是：将面糊平均分到 28 个纸模中。烘焙之前，将草莓酱放入小碗，搅拌至顺滑。在每个纸模中的面糊上放 1 块奶油奶酪并稍稍按压。用勺子舀 1/4 小勺草莓酱，放到每个纸模中的奶油奶酪上面。烘焙 20 ~ 22 分钟。按照配方的要求冷却。
2. 制作奶油奶酪糖霜。给蛋糕涂抹糖霜。食用之前，用草莓片装饰每个蛋糕。

1 个蛋糕： 能量 320 千卡；总脂肪 15 克（饱和脂肪 9 克；反式脂肪 0.5 克）；胆固醇 65 毫克；钠 250 毫克；总碳水化合物 42 克（膳食纤维 0 克）；蛋白质 3 克

甜蜜小贴士

奶油奶酪要趁还处于冷冻状态的时候切，这样比较容易。

思尼克涂鸦饼干蛋糕

24 个
准备时间：**40 分钟**
制作时间：**1 小时 35 分钟**

蛋糕
白蛋糕（第 14 页）
1 小勺肉桂粉
肉桂糖霜
6 量杯糖粉
2 小勺肉桂粉
2/3 量杯黄油或者人造黄油，软化
1 大勺香草精
2～4 大勺牛奶
装饰
2 小勺白砂糖
1/2 小勺肉桂粉

1. 按照配方的要求制作白蛋糕，不同之处是：将 1 小勺肉桂粉加入面粉混合物中。按照要求烘焙和冷却。
2. 同时，用厨师机低速搅打糖粉、2 小勺肉桂粉和黄油。拌入香草精和 2 大勺牛奶。分次加入剩余的牛奶，每次加入 1 小勺，搅打至顺滑、易涂抹即可。
3. 给蛋糕涂抹糖霜。在小碗中混合装饰配料并撒在涂抹了糖霜的蛋糕上。

1 个蛋糕： 能量 350 千卡；总脂肪 12 克（饱和脂肪 5 克；反式脂肪 1.5 克）；胆固醇 15 毫克；钠 160 毫克；总碳水化合物 56 克（膳食纤维 0 克）；蛋白质 2 克

使用蛋糕预拌粉

用一盒白蛋糕预拌粉代替白蛋糕。按照包装盒上的说明用蛋糕预拌粉制作纸杯蛋糕，不同之处是：使用 1 1/4 量杯水、1/3 量杯植物油、3 个蛋白和 1/2 小勺肉桂粉。按照包装盒上的说明烘焙和冷却。按照配方的要求涂抹糖霜和装饰。

榛子香料蛋糕

24个

准备时间：**55分钟**

制作时间：**2小时15分钟**

蛋糕

黄蛋糕（第12页）

1小勺生姜粉

1小勺肉豆蔻粉

½小勺丁香粉

¾量杯去皮榛子（欧洲榛）碎

榛子巧克力糖霜

1½量杯半甜巧克力豆

½量杯黄油（不要使用人造黄油）

¼量杯巧克力榛子酱

⅓量杯淡奶油

装饰

榛子（欧洲榛）碎，可选

1. 按照配方的要求制作黄蛋糕，不同之处是：将生姜粉、肉豆蔻粉和丁香粉加入面粉混合物中；拌入¾量杯榛子碎。按照要求烘焙和冷却。

2. 同时，在容量为1½夸脱的炖锅中用小火加热制作糖霜的原料，不时搅拌，加热大约15分钟，直至巧克力豆全部溶化、混合物变顺滑。冷藏20分钟左右，不时搅拌，直至变浓稠。

3. 给蛋糕涂抹糖霜。撒榛子碎。

1个蛋糕： 能量310千卡；总脂肪20克（饱和脂肪11克；反式脂肪0.5克）；胆固醇60毫克；钠210毫克；总碳水化合物30克（膳食纤维1克）；蛋白质3克

甜蜜小贴士

去掉榛子带苦味的棕色表皮时，先将它们放在浅盘中用180℃的温度烤10～15分钟，或者烤至表皮开始剥落，然后每次在一块毛巾中放一把热乎乎的榛子，用毛巾将榛子包起来用力搓。

使用蛋糕预拌粉

用一盒黄蛋糕预拌粉代替黄蛋糕。按照包装盒上的说明用蛋糕预拌粉制作纸杯蛋糕，不同之处是：添加1小勺生姜粉、1小勺肉豆蔻粉和½小勺丁香粉；拌入¾量杯去皮榛子（欧洲榛）碎。按照包装盒上的说明烘焙和冷却。按照配方的要求涂抹糖霜和装饰。

红糖蛋糕配焦化黄油糖霜

24 个

准备时间：**30 分钟**

制作时间：**1 小时 35 分钟**

蛋糕

2⅓ 量杯中筋面粉

2 小勺泡打粉

½ 小勺小苏打

½ 小勺盐

1 量杯黄油，软化

1 量杯白砂糖

¼ 量杯红糖

3 个鸡蛋

2 小勺香草精

⅔ 量杯牛奶

焦化黄油糖霜

½ 量杯黄油（不要使用人造黄油）

4½ 量杯糖粉

6～8 大勺牛奶

1. 烤箱预热至 180°C。在 24 个常规大小的麦芬模中分别放入纸模。若不用纸模，就在麦芬模中抹油并撒上面粉（或喷一些蛋糕模喷雾）。

2. 在中碗中混合面粉、泡打粉、小苏打和盐。用厨师机中速搅打 1 量杯黄油，搅打 30 秒。分次加入白砂糖和红糖，每次大约加入 ¼ 量杯并搅打均匀，并不时将粘在碗壁上的混合物刮下来。继续搅打 2 分钟。加入鸡蛋，每次加入 1 个并搅打均匀。打入香草精。

3. 将厨师机调至低速，交替加入面粉混合物（每次大约加入总量的 ⅓）和 ⅔ 量杯牛奶（每次大约加入总量的 ½），搅打均匀。

4. 将面糊平均分到各个模具中，每个模具中的面糊大约占模具容量的 ⅔。

5. 烘焙 18～22 分钟，或者烘焙至蛋糕呈金黄色、将牙签插入蛋糕中心后拔出来时表面是干净的。冷却 5 分钟。从模具中取出蛋糕，放在冷却架上冷却。

6. 在小炖锅中用中火加热 ½ 量杯黄油，不时搅拌，直至黄油呈浅金黄色。让焦化黄油完全冷却。用厨师机低速搅打焦化黄油、糖粉和 4 大勺牛奶，直至混合均匀。分次加入剩余的牛奶，每次加入 1 小勺，搅打至易涂抹。给蛋糕涂抹糖霜。

1 个蛋糕： 能量 300 千卡；总脂肪 13 克（饱和脂肪 8 克；反式脂肪 0 克）；胆固醇 60 毫克；钠 210 毫克；总碳水化合物 43 克（膳食纤维 0 克）；蛋白质 2 克

甜蜜小贴士

可以在每个蛋糕顶部放一些切成两半的烤核桃或烤美洲山核桃。

香蕉太妃糖蛋糕

24 个
准备时间：**50 分钟**
制作时间：**1 小时 55 分钟**

蛋糕
黄蛋糕（第 12 页）
2 根熟香蕉，捣成泥（大约 1 量杯）
1 量杯太妃糖碎
糖霜
奶油巧克力糖霜（第 18 页）
装饰
1/3 量杯太妃糖碎

1. 按照配方的要求制作黄蛋糕，不同之处是：麦芬模中一定要放入纸模；黄油的用量减至 3/4 量杯；在添加香草精时一起加入香蕉泥；牛奶的用量减至 1/4 量杯；拌入 1 量杯太妃糖碎。按照配方的要求烘焙和冷却。
2. 按照配方的要求制作奶油巧克力糖霜。给蛋糕涂抹糖霜。将用于装饰的 1/3 量杯太妃糖碎撒在蛋糕上。

1个蛋糕： 能量 320 千卡；总脂肪 15 克（饱和脂肪 9 克；反式脂肪 0 克）；胆固醇 50 毫克；钠 190 毫克；总碳水化合物 45 克（膳食纤维 0 克）；蛋白质 2 克

使用蛋糕预拌粉

用一盒黄蛋糕预拌粉代替黄蛋糕。用厨师机低速搅打蛋糕预拌粉、2 根熟透了的中等大小的香蕉捣成的泥（大约 1 量杯）、1/2 量杯水、1/4 量杯软化的黄油或者人造黄油、1 小勺香草精和 3 个鸡蛋，搅打 30 秒。将厨师机调至中速，继续搅打 2 分钟，并不时将粘在碗壁上的混合物刮下来。将 1 量杯太妃糖碎和 2 大勺中筋面粉混合在一起并拌到面糊中。将面糊平均分到各个纸模中，每个纸模中的面糊大约占纸模容量的 2/3。烘焙 18 ~ 23 分钟，或者烘焙至将牙签插入蛋糕中心后拔出来时表面是干净的。冷却 10 分钟。从模具中取出蛋糕，放在冷却架上冷却。将 1 罐可直接涂抹的巧克力奶油霜涂抹到做好的 24 个蛋糕上，再撒 1/3 量杯太妃糖碎。

甜蜜小贴士

使用太妃糖之前尝一下味道，看看它们是否变味了。可以将太妃糖储存在冰箱的冷冻室中以防变味。

姜饼蛋糕配奶油奶酪糖霜

18 个
准备时间：**40 分钟**
制作时间：**1 小时 35 分钟**

蛋糕
1/2 量杯白砂糖
1/2 量杯黄油或者人造黄油，软化
1/2 量杯糖蜜
2 个鸡蛋
2 量杯中筋面粉
1 小勺小苏打
1/2 小勺盐
1 1/2 小勺生姜粉
1/2 小勺肉桂粉
1/2 小勺五香粉
3/4 量杯水
糖霜
1 块（8 盎司）奶油奶酪，软化
1/4 量杯黄油或者人造黄油，软化
2 小勺柠檬皮屑
1 小勺肉桂粉
1 小勺香草精
4 量杯（1 磅）糖粉
1～2 小勺牛奶

1. 烤箱预热至 190℃。在 18 个常规大小的麦芬模中分别放入纸模。

2. 用厨师机中速搅打白砂糖、1/2 量杯黄油、糖蜜和鸡蛋，或者用勺子搅拌。拌入面粉、小苏打、盐、生姜粉、1/2 小勺肉桂粉、五香粉和水。将面糊平均分到各个纸模中，每个纸模中的面糊大约占纸模容量的 1/4。

3. 烘焙 15～18 分钟，或者烘焙至将牙签插入蛋糕中心后拔出来时表面是干净的。让蛋糕在模具中冷却 5 分钟。从模具中取出蛋糕，放在冷却架上冷却。

4. 同时，用厨师机低速搅打奶油奶酪、1/4 量杯黄油、柠檬皮屑、1 小勺肉桂粉和香草精，搅打至顺滑。分次加入糖粉，每次加入 1 量杯，搅打至顺滑。加入牛奶，每次加入 1 小勺，搅打至易涂抹。

5. 用勺子将糖霜舀到装有 6 号圆形裱花嘴的裱花袋中。在每个蛋糕的顶部挤或者涂抹厚厚的糖霜。放入冰箱冷藏。

1 个蛋糕：能量 320 千卡；总脂肪 13 克（饱和脂肪 8 克；反式脂肪 0 克）；胆固醇 60 毫克；钠 240 毫克；总碳水化合物 49 克（膳食纤维 0 克）；蛋白质 3 克

甜蜜小贴士

你想知道应该用哪种糖蜜吗？淡糖蜜和浓糖蜜都可用于制作纸杯蛋糕的面糊。淡糖蜜的气味和颜色都较淡，而浓糖蜜更浓稠、甜度更低。

使用蛋糕预拌粉

用一盒黄蛋糕预拌粉代替上面的蛋糕。按照包装盒上的说明用蛋糕预拌粉制作纸杯蛋糕，不同之处是：使用 1 量杯水、1/2 量杯植物油、1/4 量杯糖蜜、3 个鸡蛋、1 1/2 小勺生姜粉、1/2 小勺肉桂粉和 1/2 小勺五香粉。给蛋糕涂抹 1 罐可直接涂抹的奶油奶酪霜。

波士顿奶油蛋糕

24 个
准备时间：**45 分钟**
制作时间：**1 小时 45 分钟**

蛋糕
黄蛋糕（第 12 页）
1 盒（4 人份）香草布丁粉
$1\frac{3}{4}$ 量杯牛奶
巧克力糖霜
$\frac{1}{3}$ 量杯黄油或者人造黄油
2 盎司无糖巧克力
$1\frac{1}{2}$ 量杯糖粉
1 小勺香草精
$\frac{1}{3}$ 量杯热水

1. 按照配方的要求制作、烘焙和冷却黄蛋糕。
2. 同时，按照布丁粉包装盒上的说明制作香草布丁，不同之处是：使用 $1\frac{3}{4}$ 量杯牛奶。
3. 按照下一页的说明给蛋糕填充香草布丁。
4. 在容量为 1 夸脱的炖锅中用小火熔化黄油和巧克力，不时搅拌。拌入糖粉和香草精。拌入热水，搅拌至顺滑。如有必要，拌入更多的热水，每次拌入 1 小勺，搅拌糖霜至易涂抹。用金属抹刀或者勺子的背面将糖霜涂抹到蛋糕的顶部。如果不久后食用，就不要盖住蛋糕，而是直接放入冰箱冷藏。如果暂时不食用，就盖好，放入冰箱冷藏。

1 个蛋糕： 能量 280 千卡；总脂肪 13 克（饱和脂肪 8 克；反式脂肪 0 克）；胆固醇 55 毫克；钠 280 毫克；总碳水化合物 38 克（膳食纤维 0 克）；蛋白质 3 克

使用蛋糕预拌粉

用一盒黄蛋糕预拌粉代替黄蛋糕。按照包装盒上的说明用蛋糕预拌粉制作、烘焙和冷却纸杯蛋糕。按照配方的要求给纸杯蛋糕填充香草布丁和涂抹糖霜。

填充香草布丁

1. 用挖球器在每个纸杯蛋糕的中央挖一个坑，要挖到接近纸杯蛋糕底部；挖出来的蛋糕块不要了。

2. 将大约 2 小勺布丁舀到纸杯蛋糕中央的坑中。

枫糖玉米蛋糕配枫糖黄油糖霜

18 个
准备时间：**45 分钟**
制作时间：**1 小时 45 分钟**

蛋糕
$1\frac{1}{2}$ 量杯中筋面粉
$\frac{1}{3}$ 量杯玉米面
2 小勺泡打粉
$\frac{1}{2}$ 小勺盐
$\frac{1}{2}$ 量杯黄油或者人造黄油，软化
1 量杯白砂糖
1 小勺枫糖香精
2 个鸡蛋
$\frac{3}{4}$ 量杯牛奶
糖霜
4 量杯糖粉
2 大勺黄油或者人造黄油，软化
2 小勺枫糖香精
3～4 大勺牛奶
装饰
枫叶糖，可选

1. 烤箱预热至 180℃。在 18 个常规大小的麦芬模中分别放入纸模。
2. 在中碗中混合中筋面粉、玉米面、泡打粉和盐。用厨师机中速搅打 $\frac{1}{2}$ 量杯黄油，搅打 30 秒。分次加入白砂糖，每次大约加入 $\frac{1}{4}$ 量杯并搅打均匀，并不时将粘在碗壁上的混合物刮下来。继续搅打 2 分钟。打入 1 小勺枫糖香精和鸡蛋。将厨师机调至低速，交替加入面粉混合物（每次大约加入总量的 $\frac{1}{3}$）和 $\frac{3}{4}$ 量杯牛奶（每次大约加入总量的 $\frac{1}{2}$），搅打均匀。
3. 将面糊平均分到各个纸模中，每个纸模中的面糊大约占纸模容量的 $\frac{2}{3}$。
4. 烘焙 20～25 分钟，或者烘焙至蛋糕呈金黄色、将牙签插入蛋糕中心后拔出来时表面是干净的。冷却 5 分钟。从模具中取出蛋糕，放在冷却架上冷却。
5. 在中碗中搅打制作糖霜的原料，加入足够多的牛奶，搅打至糖霜顺滑、易涂抹。给蛋糕涂抹糖霜。用枫叶糖装饰每个蛋糕。

1个蛋糕： 能量 280 千卡；总脂肪 7 克（饱和脂肪 4.5 克；反式脂肪 0 克）；胆固醇 40 毫克；钠 180 毫克；总碳水化合物 50 克（膳食纤维 0 克）；蛋白质 2 克

甜蜜小贴士

还有一种简单的装饰方法，就是在每个涂抹了糖霜的纸杯蛋糕上放半颗美洲山核桃。

香蕉巧克力豆蛋糕

24 个

准备时间：**40 分钟**

制作时间：**1 小时 35 分钟**

蛋糕

黄蛋糕（第 12 页）

2 根熟透的中等大小的香蕉，捣成泥（大约 1 量杯）

3/4 量杯迷你半甜巧克力豆

糖霜

奶油巧克力糖霜（第 18 页）

装饰

香蕉形糖，可选

1. 按照配方的要求制作黄蛋糕，不同之处是：黄油的用量减至 3/4 量杯；添加 2 根熟透了的中等大小的香蕉捣成的泥（大约 1 量杯）；牛奶的用量减至 1/4 量杯；拌入 3/4 量杯迷你半甜巧克力豆。按照配方的要求烘焙和冷却。

2. 按照配方的要求制作奶油巧克力糖霜。给蛋糕涂抹糖霜。用香蕉形糖装饰每个蛋糕。

1 个涂抹了糖霜的蛋糕：能量 300 千卡；总脂肪 13 克（饱和脂肪 8 克；反式脂肪 0 克）；胆固醇 50 毫克；钠 200 毫克；总碳水化合物 43 克（膳食纤维 1 克）；蛋白质 2 克

使用蛋糕预拌粉

用一盒黄蛋糕预拌粉代替黄蛋糕。用厨师机低速搅打蛋糕预拌粉、2 根熟透了的中等大小的香蕉捣成的泥（大约 1 量杯）、1/2 量杯水、1/4 量杯软化的黄油或者人造黄油和 3 个鸡蛋，搅打 30 秒。将厨师机调至中速，继续搅打 2 分钟，并不时将粘在碗壁上的混合物刮下来。将 3/4 量杯迷你巧克力豆和 1½ 大勺中筋面粉混合在一起并拌到面糊中。将面糊平均分到各个纸模中。烘焙 18～22 分钟，或者烘焙至将牙签插入蛋糕中心后拔出来时表面是干净的。从模具中取出蛋糕，放在冷却架上冷却。糖霜用 1 罐可直接涂抹的巧克力奶油霜代替。

生姜桃子蛋糕

24 个

准备时间：**45 分钟**

制作时间：**1 小时 45 分钟**

蛋糕

$2\frac{1}{3}$ 量杯中筋面粉

$2\frac{1}{2}$ 小勺泡打粉

$\frac{1}{2}$ 小勺盐

$\frac{1}{4}$ 小勺生姜粉

1 量杯黄油或者人造黄油，软化

$1\frac{1}{4}$ 量杯白糖

3 个鸡蛋

1 小勺香草精

1 盒（6 盎司）桃子味低脂酸奶

1 个大桃子，去皮，切碎（大约 1 量杯）

1 大勺中筋面粉

糖霜

$4\frac{1}{2}$ 量杯糖粉

1 盒（6 盎司）桃子味低脂酸奶

装饰

1 罐（2 盎司）糖渍生姜，切丝

1. 烤箱预热至 180℃。在 24 个常规大小的麦芬模中分别放入纸模。

2. 在中碗中混合 $2\frac{1}{3}$ 量杯中筋面粉、泡打粉、盐和生姜粉。放在一旁备用。

3. 用厨师机中速搅打黄油，搅打 30 秒。分次加入白糖，每次大约加入 $\frac{1}{4}$ 量杯并搅打均匀。继续搅打 2 分钟。加入鸡蛋，每次加入 1 个并搅打均匀。打入香草精。将厨师机调至低速，交替加入面粉混合物（每次大约加入总量的 $\frac{1}{3}$）和 1 盒桃子味低脂酸奶（每次大约加入总量的 $\frac{1}{2}$），搅打均匀。在小碗中将桃子碎和 1 大勺中筋面粉混合在一起，再拌入面糊中。

4. 将面糊平均分到各个纸模中，每个纸模中的面糊大约占纸模容量的 $\frac{2}{3}$。

5. 烘焙 20 ~ 25 分钟，或者烘焙至蛋糕呈金黄色、将牙签插入蛋糕中心后拔出来时表面是干净的。冷却 5 分钟。从模具中取出蛋糕，放在冷却架上冷却。

6. 同时，在小碗中混合糖粉和 1 盒桃子味低脂酸奶，搅拌至顺滑、易涂抹。给蛋糕涂抹糖霜。在每个蛋糕上撒大约 $\frac{1}{2}$ 小勺糖渍姜丝。

1 个蛋糕：能量 280 千卡；总脂肪 9 克（饱和脂肪 5 克；反式脂肪 0 克）；胆固醇 45 毫克；钠 190 毫克；总碳水化合物 48 克（膳食纤维 0 克）；蛋白质 2 克

甜蜜小贴士

如果没有新鲜桃子，你可以用已经解冻并擦干的冷冻桃子代替。

焦糖胡萝卜蛋糕

32个
准备时间：**45分钟**
制作时间：**2小时45分钟**

蛋糕
2⅓ 量杯中筋面粉
2 小勺泡打粉
½ 小勺小苏打
½ 小勺盐
2 小勺肉桂粉
1 量杯黄油，软化
1¼ 量杯白砂糖
3 个鸡蛋
1 小勺香草精
⅔ 量杯牛奶
3 量杯胡萝卜碎（大约 4 根中等大小的胡萝卜）
1 量杯葡萄干
1 量杯（8 盎司）菠萝碎，沥干

焦糖糖霜和装饰
1 量杯黄油
2 量杯红糖，压实
½ 量杯牛奶
2 小勺香草精
5 量杯糖粉
切成两半的美洲山核桃或者切成块的其他坚果，可选

1. 烤箱预热至 180℃。在 24 个常规大小的麦芬模中分别放入纸模。

2. 在中碗中混合面粉、泡打粉、小苏打、盐和肉桂粉。用厨师机中速搅打 1 量杯黄油，搅打 30 秒。分次加入白砂糖，每次大约加入 ¼ 量杯并搅打均匀，并不时将粘在碗壁上的混合物刮下来。继续搅打 2 分钟。加入鸡蛋，每次加入 1 个并搅打均匀。打入 1 小勺香草精。

3. 将厨师机调至低速，交替加入面粉混合物（每次大约加入总量的 ⅓）和 ⅔ 量杯牛奶（每次大约加入总量的 ½），搅打均匀。拌入胡萝卜碎、葡萄干和菠萝碎。

4. 将面糊舀到各个纸模中，每个纸模中的面糊大约占纸模容量的 ⅔。（将剩余的面糊盖好，冷藏至准备烘焙。在再次烘焙之前冷却模具。）

5. 烘焙 20～25 分钟，或者烘焙至蛋糕呈金黄色、将牙签插入蛋糕中心后拔出来时表面是干净的。冷却 5 分钟。从模具中取出蛋糕，放在冷却架上冷却。

6. 同时，在容量为 2 夸脱的炖锅中用中火熔化 1 量杯黄油。拌入红糖。加热至沸腾，不时搅拌。拌入 ½ 量杯牛奶，再次煮至沸腾后离火。拌入 2 小勺香草精。冷却至微温，大约需要 30 分钟。用打蛋器分次拌入糖粉。在每个蛋糕上大约涂抹 2 大勺糖霜。用坚果装饰。

1个蛋糕： 能量 330 千卡；总脂肪 12 克（饱和脂肪 8 克；反式脂肪 0 克）；胆固醇 50 毫克；钠 190 毫克；总碳水化合物 53 克（膳食纤维 1 克）；蛋白质 2 克

迷你蛋糕： 按照上面的步骤做准备，不同之处是，在 24 个迷你麦芬模中分别放入迷你纸模。将面糊舀到纸模中，每个纸模中的面糊占纸模容量的 ⅔。（将剩余的面糊盖起来冷藏至准备烘焙；在再次烘焙之前冷却模具。）烘焙 17～20 分钟，或者烘焙至蛋糕呈金黄色、将牙签插入蛋糕中心后拔出来时表面是干净的。冷却 5 分钟，从模具中取出蛋糕，放在冷却架上冷却。涂抹糖霜。共制作 96 个迷你纸杯蛋糕。

海椰子蛋糕

22个
准备时间：**50分钟**
制作时间：**2小时5分钟**

馅料
2量杯椰丝
½量杯甜炼乳
蛋糕
2量杯中筋面粉
¾量杯白糖
⅓量杯黄油或者人造黄油，软化
1量杯牛奶
1小勺泡打粉
½小勺小苏打
½小勺盐
2个鸡蛋
糖霜
香草奶油霜糖霜（第18页）
装饰
1量杯烤椰丝

1. 烤箱预热至180℃。在22个常规大小的麦芬模中分别放入纸模。在小碗中混合制作馅料的原料。放在一旁备用。
2. 用厨师机低速搅打制作蛋糕的原料，搅打30秒，并不时将粘在碗壁上的混合物刮下来。将厨师机调到中速，继续搅打2分钟，并不时将粘在碗壁上的混合物刮下来。
3. 将面糊平均分到各个纸模中，在每个纸模中的面糊上面放满满1小勺馅料。
4. 烘焙20～25分钟，或者烘焙至将牙签插入蛋糕中心后拔出来时表面是干净的。冷却10分钟。从模具中取出蛋糕，放在冷却架上冷却。
5. 按照配方的要求制作香草奶油霜糖霜。给蛋糕涂抹糖霜。用烤椰丝装饰每个蛋糕的顶部。

1个蛋糕：能量370千卡；总脂肪14克（饱和脂肪10克；反式脂肪0克）；胆固醇45毫克；钠210毫克；总碳水化合物58克（膳食纤维1克）；蛋白质3克

甜蜜小贴士

烤椰丝的时候，将它们放在浅盘中用180℃的温度烤5～7分钟，不时搅拌一下，直至它们变成金黄色。烘烤时一定要随时查看，因为一不小心椰丝就会烤过头。

使用蛋糕预拌粉

按照配方的要求制作馅料，放在一旁备用。用一盒黄蛋糕预拌粉代替上面的蛋糕。按照包装盒上的说明用蛋糕预拌粉制作纸杯蛋糕，不同之处是：在每个纸模中的面糊上面放满满1小勺馅料。按照包装盒上的说明烘焙。至于糖霜，用1盒可直接涂抹的香草奶油霜代替。按照配方继续制作。共制作24个纸杯蛋糕。

香料南瓜蛋糕

24 个

准备时间：**50 分钟**

制作时间：**1 小时 50 分钟**

装饰

½ 量杯细细切碎的美洲山核桃

3 大勺白糖

蛋糕

2⅓ 量杯中筋面粉

2½ 小勺泡打粉

1½ 小勺南瓜派香料

½ 小勺盐

1 量杯黄油或人造黄油，软化

1¼ 量杯白糖

3 个鸡蛋

1 量杯南瓜泥（不是南瓜派预拌粉）

1 小勺香草精

½ 量杯牛奶

糖霜

奶油奶酪糖霜（第 18 页）

1. 烤箱预热至 180°C。在 24 个常规大小的麦芬模中分别放入纸模。若不用纸模，就在麦芬模中抹油并撒上面粉（或喷一些蛋糕模喷雾）。

2. 在 8 英寸不粘平底锅中用小火加热美洲山核桃碎和 2 大勺白糖，加热大约 8 分钟，不时搅拌，直至白糖熔化。用勺子将美洲山核桃碎舀到一张蜡纸上，并使其散开。再撒上剩下的 1 大勺白糖，混合均匀。放在一旁备用。

3. 在中碗中混合中筋面粉、泡打粉、南瓜派香料和盐。放在一旁备用。

4. 用厨师机中速搅打黄油，搅打 30 秒。分次加入白糖，每次大约加入 ¼ 量杯并搅打均匀，不时将粘在碗壁上的混合物刮下来。继续搅打 2 分钟。加入鸡蛋，每次加入 1 个并搅打均匀。加入南瓜泥和香草精。将厨师机调至低速，交替加入面粉混合物（每次大约加入总量的 ⅓）和牛奶（每次大约加入总量的 ½），搅打均匀。

5. 烘焙 20～25 分钟，或者烘焙至蛋糕呈金黄色、将牙签插入蛋糕中心后拔出来时表面是干净的。让蛋糕在模具中冷却 5 分钟。从模具中取出蛋糕，放在冷却架上冷却。

6. 按照配方的要求制作奶油奶酪糖霜。给蛋糕涂抹糖霜。在蛋糕边缘撒上裹有白糖的美洲山核桃碎并轻轻按压。

1 个蛋糕： 能量 330 千卡；总脂肪 15 克（饱和脂肪 8 克；反式脂肪 0 克）；胆固醇 65 毫克；钠 230 毫克；总碳水化合物 43 克（膳食纤维 1 克）；蛋白质 3 克

使用蛋糕预拌粉

用一盒黄蛋糕预拌粉代替上面的蛋糕。按照包装盒上的说明用蛋糕预拌粉制作纸杯蛋糕，不同之处是：使用 ½ 量杯水、⅓ 量杯植物油、4 个鸡蛋，并添加 1 量杯南瓜泥（不是南瓜派预拌粉）和 1½ 小勺南瓜派香料。至于糖霜，用 1 罐可直接涂抹的奶油奶酪霜代替。按照配方的要求涂抹糖霜和装饰。

五香焦糖梨蛋糕（第 101 页）

第三章

义卖会上最受欢迎的纸杯蛋糕

阿兹台克辣椒巧克力蛋糕

24 个
准备时间：**40 分钟**
制作时间：**2 小时 20 分钟**

蛋糕
巧克力蛋糕（第 17 页）
3 小勺安祖辣椒粉
1/8 小勺红辣椒粉
巧克力片
2 量杯（11.5 盎司）牛奶巧克力豆
肉桂巧克力糖霜
1/2 量杯黄油或者人造黄油，软化
3 盎司无糖巧克力，熔化，冷却
3 量杯糖粉
1/2 小勺肉桂粉
1 大勺速溶意式浓缩咖啡粉
3～4 大勺牛奶
2 小勺香草精

1. 按照配方的要求制作巧克力蛋糕，不同之处是：添加面粉混合物时一起加入安祖辣椒粉和红辣椒粉。按照配方的要求烘焙和冷却。
2. 同时，在烤盘上铺锡纸。在容量为 1 夸脱的炖锅中用小火熔化巧克力豆，不时搅拌，直至顺滑。离火。将巧克力倒在铺有锡纸的烤盘上，抹平，使巧克力厚 1/8 英寸。放入冰箱冷藏 30 分钟或者直至巧克力凝固。将凝固的巧克力片掰碎，备用。
3. 在大碗中混合黄油和冷却的无糖巧克力。拌入糖粉和肉桂粉。将咖啡粉拌入 2 大勺牛奶中，搅拌至溶化。用勺子将咖啡混合物与香草精一起拌入糖粉混合物中。再加入一些牛奶，每次加入 1 小勺，直至糖霜顺滑、易涂抹。给蛋糕涂抹糖霜。用巧克力片装饰每一个蛋糕。

1 个蛋糕：能量 360 千卡；总脂肪 17 克（饱和脂肪 8 克；反式脂肪 1.5 克）；胆固醇 30 毫克；钠 220 毫克；总碳水化合物 46 克（膳食纤维 2 克）；蛋白质 3 克

甜蜜小贴士

要想完美展现墨西哥风味，可以将这款蛋糕与牛奶太妃糖冰激凌搭配食用哦。

使用蛋糕预拌粉

用一盒魔鬼蛋糕预拌粉代替巧克力蛋糕。按照包装盒上的说明用蛋糕预拌粉制作纸杯蛋糕，不同之处是：使用 1 1/4 量杯水、1/2 量杯植物油、3 个鸡蛋、3 小勺安祖辣椒粉和 1/8 小勺红辣椒粉。按照包装盒上的说明烘焙和冷却。至于糖霜，用 1 盒可直接涂抹的巧克力奶油霜与 1/2 小勺肉桂粉的混合物代替。制作巧克力片。按照配方的要求涂抹糖霜和装饰。

惊喜毕业蛋糕

24 个
准备时间：**35 分钟**
制作时间：**2 小时 5 分钟**

蛋糕
巧克力蛋糕（第 13 页）
24 颗牛奶巧克力，去掉包装
糖霜
3 量杯糖粉
⅓ 量杯黄油或人造黄油，软化
2 盎司白巧克力条，熔化
1 小勺香草精
3～4 大勺牛奶
装饰
½ 量杯黑巧克力豆，熔化

1. 按照配方的要求制作巧克力蛋糕，不同之处是：在每个纸模中的面糊中央放一颗牛奶巧克力并轻轻按压。按照配方的要求烘焙和冷却巧克力蛋糕。
2. 用厨师机低速搅打糖粉、黄油、熔化的白巧克力条和香草精，直至混合均匀。分次打入牛奶，直至糖霜顺滑细腻。给蛋糕涂抹糖霜。在每个蛋糕的顶部用熔化的黑巧克力写上年份。

1个蛋糕：能量 300 千卡；总脂肪 13 克（饱和脂肪 6 克；反式脂肪 1 克）；胆固醇 25 毫克；钠 200 毫克；总碳水化合物 43 克（膳食纤维 1 克）；蛋白质 3 克

甜蜜小贴士

要想快捷地进行装饰，可以在纸杯蛋糕上点缀与毕业学校代表色一样的颜色。

使用蛋糕预拌粉

用一盒魔鬼蛋糕预拌粉代替巧克力蛋糕。按照包装盒上的说明用蛋糕预拌粉制作纸杯蛋糕。在每个纸模中的面糊中央放一颗牛奶巧克力并轻轻按压。按照配方的要求涂抹糖霜和装饰。

咖啡巧克力蛋糕

12 个
准备时间：**15 分钟**
制作时间：**1 小时 15 分钟**

1 量杯中筋面粉
½ 量杯无糖可可粉
½ 小勺小苏打
¼ 小勺盐
2 个蛋白
1 个鸡蛋
1 量杯白砂糖
¼ 量杯菜籽油或其他植物油
½ 量杯淡巧克力豆奶
2 小勺速溶意式浓缩咖啡粉
1½ 小勺香草精
糖粉，可选

1. 烤箱预热至 190℃。在 12 个常规大小的麦芬模中喷蛋糕模喷雾或者分别放入纸模。
2. 在中碗中混合面粉、可可粉、小苏打和盐。用厨师机中高速搅打蛋白、鸡蛋、白砂糖和油，搅打 1～2 分钟，或者搅打至混合均匀。将厨师机调至低速，交替加入面粉混合物和淡巧克力豆奶，每次都要搅打均匀再加。加入咖啡粉和香草精，低速搅打 30 秒。将面糊平均分到各个纸模中，每个纸模中的面糊大约占纸模容量的 ⅔。
3. 烘焙 15～20 分钟，或者烘焙至将牙签插入蛋糕中心后拔出来时表面是干净的。冷却 10 分钟。从模具中取出蛋糕，放在冷却架上冷却。
4. 食用之前，筛一些糖粉在蛋糕顶部。

1 个蛋糕：能量 170 千卡；总脂肪 6 克（饱和脂肪 1 克；反式脂肪 0 克）；胆固醇 20 毫克；钠 125 毫克；总碳水化合物 27 克（膳食纤维 1 克）；蛋白质 3 克

覆盆子巧克力蛋糕：制作蛋糕时，不用香草精和咖啡粉，添加豆奶时一起加入 2 小勺覆盆子香精。做好的纸杯蛋糕与新鲜覆盆子一起食用。

巧克力糖果蛋糕

18 个
准备时间：**55 分钟**
制作时间：**2 小时 10 分钟**

馅料
2 块（每块 3 盎司）奶油奶酪，软化
2 大勺糖粉
1 个鸡蛋
2 块（每块 2.07 盎司）裹有巧克力的焦糖花生牛轧糖，去掉包装，细细切碎

蛋糕
1½ 量杯中筋面粉
1 量杯白砂糖
⅓ 量杯无糖可可粉
1 小勺小苏打
½ 小勺盐
1 量杯酪乳
⅓ 量杯植物油
1 小勺香草精

糖霜
⅓ 量杯红糖，压实
⅓ 量杯黄油或者人造黄油
3 大勺牛奶
1½ 量杯糖粉
1 块（2.07 盎司）裹有巧克力的焦糖花生牛轧糖，去掉包装，细细切碎，可选

1. 烤箱预热至 180℃。在 18 个常规大小的麦芬模中分别放入纸模。用厨师机中速搅打奶油奶酪、2 大勺糖粉和鸡蛋至顺滑。用勺子拌入切碎的牛轧糖，放在一旁备用。
2. 在搅拌碗中混合面粉、白砂糖、可可粉、小苏打和盐。加入酪乳、油和香草精，用厨师机中速搅打 2 分钟。将面糊平均分到各个纸模中，每个纸模中的面糊大约占纸模容量的 ½。将 1 大勺馅料舀到每个纸模中的面糊中央。
3. 烘焙 23 ~ 30 分钟，或者烘焙至馅料呈浅棕色。让蛋糕在模具中冷却 15 分钟。（蛋糕中央会微微塌陷。）从模具中取出蛋糕，放在冷却架上冷却。
4. 同时，在容量为 1½ 夸脱的炖锅中用中火加热红糖和黄油，不时搅拌，加热至混合物沸腾即可。离火，拌入牛奶。冷却 30 分钟。用勺子将 1½ 量杯糖粉打入混合物中，搅打至易涂抹。如有必要，加入更多糖粉，每次加入 1 大勺。
5. 给蛋糕涂抹糖霜。撒上碎糖块。

1 个蛋糕： 能量 290 千卡；总脂肪 13 克（饱和脂肪 6 克；反式脂肪 0 克）；胆固醇 35 毫克；钠 220 毫克；总碳水化合物 40 克（膳食纤维 1 克）；蛋白质 4 克

甜蜜小贴士

手边没有酪乳？可以用 1 大勺醋或者柠檬汁加上足够的牛奶现做一量杯替代品。

“我们的球队”蛋糕

24 个
准备时间：**1 小时**
制作时间：**3 小时 20 分钟**

蛋糕
巧克力蛋糕（第 13 页）
糖霜
装饰糖霜（第 19 页）
装饰
各种小糖果
装饰糖
你喜欢的彩色装饰糖霜

1. 按照配方的要求制作、烘焙和冷却巧克力蛋糕。
2. 按照配方的要求制作装饰糖霜。
3. 给蛋糕涂抹糖霜。用糖果、装饰糖和装饰糖霜随心所欲地装饰蛋糕。

1 个蛋糕：能量 300 千卡；总脂肪 13 克（饱和脂肪 5 克；反式脂肪 1.5 克）；胆固醇 30 毫克；钠 220 毫克；总碳水化合物 42 克（膳食纤维 1 克）；蛋白质 2 克

甜蜜小贴士

请选用颜色与你们球队的代表色相配的纸模。

使用蛋糕预拌粉

用一盒魔鬼蛋糕预拌粉代替巧克力蛋糕。按照包装盒上的说明用蛋糕预拌粉制作纸杯蛋糕。至于糖霜，用 1 罐可直接涂抹的香草奶油霜代替。按照配方的要求涂抹糖霜以及装饰。

垂钓蛋糕

24 个
准备时间：**1 小时**
制作时间：**2 小时**

蛋糕
巧克力蛋糕（第 13 页）
糖霜
香草奶油霜糖霜（第 18 页）
蓝色食用色素
钓竿
24 根鸡尾酒吸管
24 根牙线
24 颗各种水果味的鲨鱼形橡皮糖

1. 按照配方的要求制作、烘焙和冷却巧克力蛋糕。
2. 按照配方的要求制作香草奶油霜糖霜。将糖霜和 2 ~ 3 滴蓝色食用色素搅拌在一起。用金属抹刀在蛋糕上涂抹糖霜并且向上拉，使其看起来像波浪。
3. 制作钓竿的时候，将每根吸管都切成 3 英寸长，将每根牙线都剪成 $3\frac{1}{2}$ 英寸长。用针把每根牙线穿入每根吸管的一端固定以充当钓线。在每根牙线的末端固定一颗橡皮糖。在每个蛋糕上放一根钓竿。

1 个蛋糕： 能量 330 千卡；总脂肪 12 克（饱和脂肪 5 克；反式脂肪 1.5 克）；胆固醇 30 毫克；钠 210 毫克；总碳水化合物 52 克（膳食纤维 1 克）；蛋白质 2 克

甜蜜小贴士

可以搭配放有小鱼冰块的蓝莓潘趣酒食用，使“垂钓”这一主题更加突出。在冰格的每一格放一颗水果味鲨鱼形橡皮糖，然后倒入姜汁汽水或者水，冷冻至凝固。

使用蛋糕预拌粉

用一盒魔鬼蛋糕预拌粉代替巧克力蛋糕。按照包装盒上的说明用蛋糕预拌粉制作纸杯蛋糕。至于糖霜，用 1 罐可直接涂抹的香草奶油霜或者奶油霜代替。按照配方的要求涂抹糖霜和装饰。

特浓巧克力花生酱蛋糕

12 个
准备时间：**20 分钟**
制作时间：**1 小时 10 分钟**

3/4 量杯白砂糖
3 大勺奶油花生酱
1/4 量杯脱脂酸奶油
1 个鸡蛋
1 个蛋白
1 量杯中筋面粉
1/4 量杯无糖可可粉
1/2 量杯热水
1/2 小勺小苏打
1/4 量杯半甜迷你巧克力豆
糖粉，可选

1. 烤箱预热至 180℃。在 12 个常规大小的麦芬模中分别放入纸模。
2. 用厨师机中速搅打白砂糖、花生酱、酸奶油、鸡蛋和蛋白，搅打至混合均匀。将厨师机调至低速，加入除了糖粉之外的其他原料，搅打至混合均匀。
3. 将面糊平均分到各个纸模中。
4. 烘焙 15 ~ 20 分钟，或者烘焙至将牙签插入蛋糕中心后拔出来时表面是干净的。从模具中取出蛋糕，放在冷却架上冷却。在蛋糕顶部撒上糖粉。

1个蛋糕：能量 150 千卡；总脂肪 4 克（饱和脂肪 1.5 克；反式脂肪 0 克）；胆固醇 20 毫克；钠 90 毫克；总碳水化合物 25 克（膳食纤维 1 克）；蛋白质 4 克

甜蜜小贴士

让你做的纸杯蛋糕在下次义卖中脱颖而出！你可以使用从蛋糕装饰用品专卖店或派对用品专卖店购买的有意思的锡纸模或者精美的装饰性纸模。

使用蛋糕预拌粉

用一盒魔鬼蛋糕预拌粉代替上面的蛋糕。按照包装盒上的说明用蛋糕预拌粉制作纸杯蛋糕，不同之处是：使用 1 1/4 量杯水、3/4 量杯奶油花生酱、1/4 量杯植物油、3 个鸡蛋，并添加 1/2 量杯迷你半甜巧克力豆。按照包装盒上的说明烘焙。让蛋糕在模具中冷却 10 分钟。从模具中取出蛋糕，放在冷却架上冷却。在蛋糕顶部撒上糖粉。共制作 24 个纸杯蛋糕。

巧克力苦杏酒蛋糕

（黛博拉·哈罗恩，犹他州欧伦市，“品味”，www.tasteandtellblog.com）

24 个

准备时间：**50 分钟**

制作时间：**1 小时 45 分钟**

蛋糕

1½ 量杯中筋面粉
¾ 量杯无糖可可粉
2 小勺小苏打
¼ 小勺盐
½ 量杯植物油
1¼ 量杯白砂糖
4 个鸡蛋
1 小勺香草精
¾ 量杯牛奶

糖霜

¾ 量杯牛奶
¼ 量杯中筋面粉
¾ 量杯黄油，软化
3½ 量杯糖粉
1 大勺意大利苦杏酒或者 ½ 小勺杏仁提取物

装饰

½ 量杯半甜巧克力豆，粗略切碎
¼ 量杯巧克力糖浆

1. 烤箱预热至 180℃。在 24 个常规大小的麦芬模中分别放入锡纸模或者纸模。

2. 在中碗中混合 1½ 量杯面粉、可可粉、小苏打和盐，放在一旁备用。用厨师机中速搅打油和白砂糖。加入鸡蛋，每次加入 1 个并搅打均匀。打入香草精。将厨师机调至低速，交替加入面粉混合物（每次大约加入总量的 ⅓）和 ¾ 量杯牛奶（每次大约加入总量的 ½），搅打均匀。

3. 将面糊平均分到各个锡纸模或者纸模中，每个模具中的面糊大约占模具容量的 ⅔。

4. 使用锡纸模的话烘焙 13～17 分钟，使用纸模的话烘焙 14～18 分钟，或者烘焙至将牙签插入蛋糕中心后拔出来时表面是干净的。冷却 5 分钟，从模具中取出蛋糕，放在冷却架上冷却。

5. 同时，在容量为 1 夸脱的炖锅中用中火加热 ¾ 量杯牛奶和 ¼ 量杯面粉并用打蛋器搅拌，直至混合物变浓稠，大约需要 2 分钟。离火，让其完全冷却，大约需要 1 小时。

6. 用厨师机低速搅打黄油和糖粉至顺滑。加入冷却的牛奶混合物，搅打至轻盈松软。打入意大利苦杏酒。如有必要，加入更多糖粉，以使糖霜便于涂抹。

7. 给蛋糕涂抹糖霜。用切碎的巧克力豆和巧克力糖浆装饰每个蛋糕。

1个蛋糕：能量 300 千卡；总脂肪 13 克（饱和脂肪 6 克；反式脂肪 0 克）；胆固醇 50 毫克；钠 190 毫克；总碳水化合物 42 克（膳食纤维 1 克）；蛋白质 3 克

使用蛋糕预拌粉

用一盒魔鬼蛋糕预拌粉代替上面的蛋糕。按照包装盒上的说明用蛋糕预拌粉制作纸杯蛋糕，按照配方的要求涂抹糖霜和装饰。

3/4 CUP BUTTER OR MARGARINE,
eggs STIR
EXTRACT
CUPS OF FLOUR,
CUP MILK FILL
WARM OR AT

红糖馅巧克力蛋糕

24 个
准备时间：**50 分钟**
制作时间：**2 小时 10 分钟**

蛋糕
巧克力蛋糕（第 13 页）
馅料和装饰
1 量杯黄油或者人造黄油
2 量杯红糖，压实
½ 量杯牛奶
4 量杯糖粉
1 盎司半甜巧克力碎，可选

1. 按照配方的要求制作、烘焙和冷却巧克力蛋糕。
2. 同时，在容量为 2 夸脱的炖锅中用中火熔化黄油。拌入红糖，加热至沸腾，不时搅拌。将火调小，继续加热和搅拌 2 分钟。拌入牛奶，加热至沸腾。离火，将红糖混合物倒入中碗中，放入冰箱冷藏至微温，大约需要 30 分钟。
3. 将糖粉加入微温的红糖混合物中，用厨师机低速搅打至顺滑。如果糖霜过硬，就加入更多的牛奶，每次加入 1 小勺。
4. 用锯齿刀将每个蛋糕水平切成两半，注意不要使任何一半破损。在每个蛋糕的下半部分上面放满满 1 大勺馅料，再将蛋糕的上半部分放在馅料上。将剩余的馅料挤到或者舀到蛋糕顶部。用巧克力碎装饰。

1 个蛋糕： 能量 390 千卡；总脂肪 15 克（饱和脂肪 7 克；反式脂肪 1.5 克）；胆固醇 40 毫克；钠 240 毫克；总碳水化合物 60 克（膳食纤维 1 克）；蛋白质 2 克

甜蜜小贴士

这款蛋糕的英文名为“chocolate cupcakes with penuche filling”，“penuche”一词来自西班牙语，意思是“粗糖”或者“红糖”，用来指称用红糖、黄油、牛奶或者奶油和香草精制成的类似于乳脂软糖的糖果。

使用蛋糕预拌粉

用一盒巧克力乳脂软糖蛋糕预拌粉代替巧克力蛋糕。按照包装盒上的说明用蛋糕预拌粉制作纸杯蛋糕，不同之处是：添加 1 小勺香草精。按照包装盒上的说明烘焙和冷却蛋糕。按照配方的要求填充馅料和装饰。

薄荷乳脂软糖蛋糕

24 个
准备时间：**30 分钟**
制作时间：**1 小时 20 分钟**

馅料

$\frac{2}{3}$ 量杯白砂糖
$\frac{1}{3}$ 量杯无糖可可粉
2 大勺黄油或人造黄油，软化
1 个鸡蛋
$\frac{1}{2}$ 量杯薄荷

乳脂软糖蛋糕

$\frac{1}{4}$ 量杯黄油或人造黄油，软化
1 块（3 盎司）奶油奶酪，软化
$\frac{3}{4}$ 量杯中筋面粉
$\frac{1}{4}$ 量杯糖粉
2 大勺无糖可可粉
$\frac{1}{2}$ 小勺香草精

糖霜和装饰

1 罐可直接涂抹的巧克力奶油霜
1 袋（4.67 盎司）含酒精的长方形薄荷巧克力糖，去掉包装
预留的薄荷碎

1. 烤箱预热至 180℃。在 24 个迷你麦芬模中分别放入纸模（可选）。将薄荷粗略切碎。

2. 在小碗中用勺子搅打除薄荷碎之外的所有馅料原料，搅打至混合均匀。拌入 $\frac{1}{2}$ 量杯薄荷碎。剩下的薄荷碎留着装饰蛋糕。

3. 用厨师机中速搅打（或者用勺子搅拌）$\frac{1}{4}$ 量杯黄油和奶油奶酪。拌入面粉、糖粉、2 大勺可可粉和香草精。

4. 将面团切分并整成直径 1 英寸的小球。在每个麦芬模中放入一个小球，按压，直至与麦芬模的侧面相触。在每个麦芬模中舀入 2 大勺馅料。

5. 烘焙 18～20 分钟，或者烘焙至轻轻碰触馅料时几乎不发生塌陷。冷却 5 分钟。小心地从模具中取出蛋糕，放在冷却架上冷却。给蛋糕涂抹巧克力奶油霜。撒上薄荷巧克力糖和预留的薄荷碎作为装饰。

1 个蛋糕：能量 190 千卡；总脂肪 9 克（饱和脂肪 4.5 克；反式脂肪 1 克）；胆固醇 20 毫克；钠 90 毫克；总碳水化合物 26 克（膳食纤维 1 克）；蛋白质 1 克

甜蜜小贴士

烘焙这些小蛋糕时使用漂亮的纸杯，然后好好包装一下，就可以把它们当作礼物送给某个特殊的人了。

奥利奥蛋糕

24 个
准备时间：**1 小时**
制作时间：**2 小时**

蛋糕
巧克力蛋糕（第 13 页）
馅料和糖霜
松软白糖霜（第 19 页）
½ 量杯棉花糖酱
装饰
10 块奥利奥夹心饼干，粗略碾碎（约 1 量杯）

1. 按照配方的要求制作、烘焙和冷却巧克力蛋糕。
2. 用木勺圆柄的末端在每个蛋糕顶部的中央挖一个直径为 ¾ 英寸的坑，但是不要挖得太靠近底部（扭动勺子柄没入蛋糕，使坑足够大）。
3. 按照配方的要求制作松软白糖霜。在中碗中拌入 ½ 量杯松软白糖霜和棉花糖酱。用勺子舀到一个小小的可重复密封保鲜袋中。将这个保鲜袋底部的一个角剪掉 ⅜ 英寸的尖儿，将这个角插入蛋糕并挤压保鲜袋来填充馅料。
4. 将剩下的松软白糖霜涂抹在蛋糕顶部。用饼干碎进行装饰，每个蛋糕用 2 大勺。

1 个蛋糕： 能量 220 千卡；总脂肪 8 克（饱和脂肪 2 克；反式脂肪 1 克）；胆固醇 20 毫克；钠 210 毫克；总碳水化合物 34 克（膳食纤维 1 克）；蛋白质 2 克

甜蜜小贴士

在橡胶抹刀上喷少许烹饪喷雾剂，可以帮助你轻松地从罐子中舀出棉花糖酱。效果惊人哦！

使用蛋糕预拌粉

用一盒魔鬼蛋糕预拌粉代替巧克力蛋糕。按照包装盒上的说明用蛋糕预拌粉制作纸杯蛋糕。至于馅料和糖霜，使用 1 罐打发的、可直接涂抹的松软白糖霜；用 ½ 量杯松软白糖霜和 ½ 量杯棉花糖酱做馅料，将剩下的松软白糖霜涂抹在蛋糕顶部。按照配方的要求装饰蛋糕。

星星庆典蛋糕

36 个

准备时间：**1 小时 10 分钟**

制作时间：**1 小时 20 分钟**

装饰

3 块（每块 4 盎司）白巧克力，熔化，可选

1 块（4 盎司）甜巧克力或者半甜巧克力

蛋糕

2 量杯中筋面粉

2 量杯白糖

$1\frac{1}{4}$ 小勺小苏打

1 小勺盐

$\frac{1}{2}$ 小勺泡打粉

1 量杯水

$\frac{3}{4}$ 量杯酸奶油

$\frac{1}{4}$ 量杯起酥油

1 小勺香草精

2 个鸡蛋

4 盎司无糖巧克力，熔化，冷却

糖霜

1 罐可直接涂抹的奶油白糖霜或者牛奶巧克力奶油霜

使用蛋糕预拌粉

用一盒魔鬼蛋糕预拌粉代替上面的蛋糕。按照包装盒上的说明用蛋糕预拌粉制作纸杯蛋糕。按照配方的要求涂抹糖霜和装饰。共制作 24 个纸杯蛋糕。

1. 将白巧克力放在中号微波炉碗中，不盖盖子，用微波炉中火加热 $1\frac{1}{2}$ ~ 2 分钟。每加热 30 秒就要停下来搅拌，直至巧克力熔化并变得顺滑。将熔化的白巧克力倒入铺有蜡纸的饼干烤盘上，使其均匀展开至 $\frac{1}{8}$ ~ $\frac{1}{4}$ 英寸厚。放入冰箱冷藏大约 10 分钟，直至稍硬。对甜巧克力进行同样的处理。

2. 在白巧克力上撒少许可可粉（可选）。将大小不同的星形饼干模放在白巧克力和甜巧克力上用力按压。用抹刀将切好的巧克力星星从蜡纸上铲起来。

3. 烤箱预热至 180°C。在 36 个常规大小的麦芬模中分别放入纸模。用厨师机低速搅打蛋糕原料，搅打 30 秒，并不时将粘在碗壁上的混合物刮下来。将厨师机调至高速，继续搅打 3 分钟，并不时将粘在碗壁上的混合物刮下来。将面糊舀到各个纸模中，每个纸模中的面糊大约占纸模容量的 $\frac{1}{2}$。（如果分批烘焙，就将剩余的面糊盖起来冷藏至准备烘焙；在再次烘焙之前冷却模具。）

4. 烘焙 20 ~ 25 分钟，或者烘焙至将牙签插入蛋糕中心后拔出来时表面是干净的。从模具中取出蛋糕，放在冷却架上冷却。

5. 给蛋糕涂抹糖霜，用巧克力星星装饰。

1 个涂抹了糖霜的蛋糕（未装饰）： 能量 180 千卡；总脂肪 6 克（饱和脂肪 2.5 克；反式脂肪 1 克）；胆固醇 15 毫克；钠 150 毫克；总碳水化合物 29 克（膳食纤维 0 克）；蛋白质 1 克

甜蜜小贴士

你还可以用星形装饰糖或者其他节庆糖果装饰这些漂亮的蛋糕哦。

太阳先生蛋糕

24 个
准备时间：**1 小时 15 分钟**
制作时间：**2 小时 20 分钟**

蛋糕
黄蛋糕（第 12 页）
糖霜
黄色食用色素
1 罐可直接涂抹的香草奶油霜
糖霜
白糖
48 颗大号黄色、橙色或红色橡皮糖
黑色装饰糖霜
红色装饰凝胶

1. 按照配方的要求制作、烘焙和冷却黄蛋糕。
2. 在香草奶油霜糖霜中拌入 15 滴黄色食用色素，使糖霜变成亮黄色。给纸杯蛋糕涂抹糖霜。
3. 按照下一页的说明制作阳光。
4. 在每个蛋糕上用黑色装饰糖霜画出太阳镜，用红色装饰凝胶画出微笑的嘴巴。

1 个涂抹了糖霜的蛋糕（未装饰）： 能量 240 千卡；总脂肪 11 克（饱和脂肪 6 克；反式脂肪 1.5 克）；胆固醇 45 毫克；钠 230 毫克；总碳水化合物 33 克（膳食纤维 0 克）；蛋白质 2 克

甜蜜小贴士

请提前将制作阳光的橡皮糖擀好并切好，方便孩子们用它们装饰蛋糕。如果你想要糖霜的颜色更加明亮，请用凝胶状食用色素代替液状食用色素。

使用蛋糕预拌粉

用一盒黄蛋糕预拌粉代替黄蛋糕。按照包装盒上的说明用蛋糕预拌粉制作纸杯蛋糕。按照配方的要求涂抹糖霜以及装饰。

制作阳光

1. 在工作台和擀面杖上撒少许白糖，一次性将 4 颗橡皮糖擀成扁平的椭圆形，使其厚约 1/8 英寸。

2. 从每块椭圆形橡皮糖的上下左右四条边分别切除细细的一条，使其变成长方形。

3. 将长方形切成两半，得到两个正方形；再将每个正方形斜切成两半，得到两个三角形。

4. 在每个蛋糕的边缘摆放 8 块三角形橡皮糖充当阳光。

迷你花生糖蛋糕

90 个
准备时间：**1 小时**
制作时间：**1 小时 40 分钟**

7 条（每条 2.1 盎司）裹有巧克力的香脆花生糖
白蛋糕（第 14 页）
奶油巧克力糖霜（第 18 页）

1. 烤箱预热至 180°C。在 90 个迷你麦芬模中分别放入纸模。将足够多的花生糖（大约 2 条）细细切碎后装到量杯里，需要 3/4 量杯。
2. 按照配方的要求制作白蛋糕，不同之处是：用厨师机低速打入 3/4 量杯切碎的花生糖，搅打至混合均匀。
3. 将面糊舀到各个纸模中，每个纸模中的面糊大约占纸模容量的 2/3。（如果分批烘焙，就将剩余的面糊盖起来冷藏至准备烘焙；在再次烘焙之前冷却模具。）
4. 烘焙 12 ~ 16 分钟，或者烘焙至将牙签插入蛋糕中心后拔出来时表面是干净的。冷却 5 分钟。从模具中取出蛋糕，放在冷却架上冷却。
5. 按照配方的要求制作奶油巧克力糖霜。给蛋糕涂抹糖霜。将剩下的 5 条花生糖粗略切碎后摆放在糖霜上并轻轻按压。

1 个迷你蛋糕：能量 100 千卡；总脂肪 4 克（饱和脂肪 1.5 克；反式脂肪 0 克）；胆固醇 0 毫克；钠 50 毫克；总碳水化合物 15 克（膳食纤维 0 克）；蛋白质 1 克

使用蛋糕预拌粉

在 72 个迷你麦芬模中分别放入纸模。将足够多的花生糖（大约 2 条）细细切碎后装到量杯里，需要 3/4 量杯。用一盒白蛋糕预拌粉代替白蛋糕。按照包装盒上的说明用蛋糕预拌粉制作纸杯蛋糕，但要用厨师机将 3/4 量杯切碎的花生糖低速拌入面糊中。至于糖霜，用 1 罐打发的、可直接涂抹的牛奶巧克力奶油霜代替。按照配方的要求涂抹糖霜和装饰。共制作 72 个迷你纸杯蛋糕。

花之力量蛋糕

24 个
准备时间：**30 分钟**
制作时间：**1 小时 30 分钟**

蛋糕
白蛋糕（第 14 页）
糖霜和装饰
松软白糖霜（第 19 页）
各种颜色的条形甘草糖
装饰糖

1. 按照配方的要求制作、烘焙和冷却白蛋糕。
2. 按照配方的要求制作松软白糖霜。给冷却的蛋糕涂抹糖霜。
3. 将甘草糖切成想要的大小，然后在蛋糕顶部摆成花形。在每朵花的中央抹一些糖霜并撒上装饰糖。

1 个涂抹了糖霜的蛋糕（未装饰）： 能量 180 千卡（脂肪所含能量 70 千卡）；总脂肪 8 克（饱和脂肪 2 克；反式脂肪 1.5 克）；胆固醇 0 毫克；钠 170 毫克；总碳水化合物 25 克（膳食纤维 0 克，糖 17 克）；蛋白质 1 克

甜蜜小贴士

将做好的蛋糕摆在一个带底座的大平盘里，放在桌子中央，就是一件很可爱的摆饰。

使用蛋糕预拌粉

用一盒白蛋糕预拌粉代替白蛋糕。按照包装盒上的说明用蛋糕预拌粉制作纸杯蛋糕。至于糖霜，用 1 罐可直接涂抹的松软白糖霜代替。按照配方的要求涂抹糖霜和装饰。

漂浮沙士蛋糕

23 个
准备时间：**1 小时**
制作时间：**2 小时**

蛋糕
23 个平底冰激凌脆筒
黄蛋糕（第 12 页）
2/3 量杯沙士（只算液体，不算泡沫）

松软沙士糖霜
3/4 量杯白砂糖
3/4 量杯红糖，压实
1/3 量杯冰沙士
1/4 小勺塔塔粉
1 小撮盐
2 个蛋白
1 小勺香草精

装饰
沙士糖，粗略切碎，可选
46 根吸管，可选

1. 烤箱预热至 180°C。在麦芬模中分别放入冰激凌脆筒。
2. 按照配方的要求制作黄蛋糕，不同之处是：用 2/3 量杯沙士代替牛奶。将面糊平均分到各个脆筒中，每个脆筒中的面糊不足脆筒容量的 1/4。
3. 烘焙 20～25 分钟，或者烘焙至蛋糕呈金黄色、将牙签插入蛋糕中心后拔出来时表面是干净的。冷却 5 分钟。从模具中取出甜筒蛋糕，放在冷却架上冷却。
4. 同时，在容量为 3 夸脱的炖锅里混合除了香草精之外的所有糖霜原料。用手持式搅拌器高速搅打 1 分钟，不时刮下粘在锅壁上的混合物。将炖锅放在炉子上小火加热。高速搅打 10 分钟，或者搅打至硬性发泡。离火，加入香草精。再高速搅打 2 分钟，或者搅打至糖霜松软。
5. 给蛋糕涂抹糖霜。用沙士糖装饰蛋糕。将每根吸管从底部切下大约 4 英寸，扔掉切下的部分；在每个蛋糕上插两根吸管。

1 个蛋糕： 能量 250 千卡；总脂肪 9 克（饱和脂肪 5 克；反式脂肪 0 克）；胆固醇 50 毫克；钠 220 毫克；总碳水化合物 39 克（膳食纤维 0 克）；蛋白质 3 克

甜蜜小贴士

你还可以在蛋糕顶部撒很多彩色的装饰糖。

使用蛋糕预拌粉

用一盒黄蛋糕预拌粉代替黄蛋糕。按照包装盒上的说明用蛋糕预拌粉制作纸杯蛋糕，不同之处是：使用 1 1/4 量杯沙士（只算液体，不算泡沫）、1/3 量杯植物油和 3 个鸡蛋。在麦芬模中分别放入 24 个冰激凌脆筒。将面糊舀到各个脆筒中，每个脆筒中的面糊约占脆筒容量的 1/2。剩下的面糊盖好冷藏。烘焙 18～24 分钟。取出甜筒蛋糕并放在冷却架上，按照配方的要求冷却。重复以上步骤，处理剩下的面糊和甜筒蛋糕。至于糖霜，用 1 罐可直接涂抹的奶油奶酪霜代替。按照配方的要求装饰蛋糕。共制作 24 个蛋糕。

迷你覆盆子巧克力蛋糕

60 个
准备时间：**1 小时**
制作时间：**1 小时 35 分钟**

1 盒配有布丁粉的魔鬼蛋糕预拌粉
包装盒上标明的所需的水、植物油和鸡蛋
⅔ 量杯无籽覆盆子酱
1 量杯新鲜的或冷冻的（已解冻）覆盆子
1 罐打发的、可直接涂抹的松软白糖霜
60 颗新鲜覆盆子（6 盎司罐装，3 罐）

1. 烤箱预热至 180°C。在 60 个迷你麦芬模中分别放入迷你纸模。
2. 按照包装盒上的说明使用水、植物油和鸡蛋，用蛋糕预拌粉制作纸杯蛋糕。将面糊平均分到各个纸模中，每个纸模中的面糊占纸模容量的 ¾。
3. 烘焙 10 ~ 15 分钟，或者烘焙至将牙签插入蛋糕中心后拔出来时表面是干净的。冷却 5 分钟。从模具中取出纸模，放在冷却架上冷却。
4. 用木勺的圆柄末端在每个蛋糕顶部的中央挖一个直径 ½ 英寸的坑，但是不要挖得太靠底部（扭动勺子柄没入蛋糕，使坑足够大）。
5. 用勺子将覆盆子酱舀到可重复密封保鲜袋中。将保鲜袋底部的一个角剪去一个 ⅜ 英寸的尖儿，将这个角对准每个蛋糕的深坑并挤压保鲜袋来填充它。
6. 在食物料理机中放入 1 量杯覆盆子。盖上盖子，用点动模式打 20 秒，或者打成泥状。用细密的滤网过滤覆盆子泥，去籽。在中碗中倒入 ¼ 量杯覆盆子泥；拌入糖霜，搅拌均匀。给蛋糕涂抹糖霜。用新鲜覆盆子装饰蛋糕，每个蛋糕用一颗。

1 个迷你蛋糕：能量 80 千卡；总脂肪 3 克（饱和脂肪 1 克；反式脂肪 0 克）；胆固醇 10 毫克；钠 85 毫克；总碳水化合物 13 克（膳食纤维 0 克）；蛋白质 0 克

甜蜜小贴士

将这些小蛋糕摆放在带底座的大平盘里，肯定会让客人们赞叹不已。

冬南瓜蛋糕

24 个
准备时间：**50 分钟**
制作时间：**1 小时 55 分钟**

蛋糕
$2\frac{1}{3}$ 量杯中筋面粉
$2\frac{1}{2}$ 小勺泡打粉
$1\frac{1}{2}$ 小勺南瓜派香料
$\frac{1}{2}$ 小勺盐
1 量杯黄油或人造黄油，软化
$1\frac{1}{4}$ 量杯白糖
3 个鸡蛋
1 量杯煮熟的冬南瓜泥
2 小勺香草精
$\frac{1}{2}$ 量杯牛奶
$\frac{1}{2}$ 量杯甜味蔓越莓干
$\frac{1}{2}$ 量杯美洲山核桃碎
朗姆酒奶油霜糖霜
6 量杯糖粉
$\frac{2}{3}$ 量杯黄油或人造黄油，软化
3 小勺香草精
1 大勺朗姆酒或者 1 小勺朗姆精加 2 小勺牛奶
4～5 大勺牛奶
美洲山核桃碎，可选

1. 烤箱预热至 180℃。在 24 个常规大小的麦芬模中分别放入纸模。若不用纸模，就在麦芬模中抹油并撒上面粉（或者喷一些蛋糕模喷雾）。
2. 在中碗中混合中筋面粉、泡打粉、南瓜派香料和盐，放在一旁备用。
3. 用厨师机中速搅打 1 量杯黄油，搅打 30 秒。分次加入白糖，每次加大约 $\frac{1}{4}$ 量杯并搅打均匀。继续搅打 2 分钟。加入鸡蛋，每次加 1 个并搅打均匀。打入冬南瓜泥和 2 小勺香草精。将厨师机调至低速，交替加入面粉混合物（每次大约加入总量的 $\frac{1}{3}$）和牛奶，搅打均匀。拌入蔓越莓干和美洲山核桃碎。
4. 将面糊平均分到各个纸模中，每个纸模中的面糊大约占纸模容量的 $\frac{2}{3}$。
5. 烘焙 20～25 分钟，或者烘焙至蛋糕呈金黄色、将牙签插入蛋糕中心后拔出来时表面是干净的。在模具中冷却 5 分钟。从模具中取出蛋糕，放在冷却架上冷却。
6. 同时，用厨师机低速搅打糖粉和 $\frac{2}{3}$ 量杯黄油；拌入 3 小勺香草精、朗姆酒和 3 大勺牛奶。分次打入剩下的牛奶，每次打入 1 小勺，直至糖霜变得顺滑、易涂抹。
7. 给蛋糕涂抹糖霜。用美洲山核桃碎装饰蛋糕。

1个蛋糕：能量 370 千卡；总脂肪 16 克（饱和脂肪 9 克；反式脂肪 0.5 克）；胆固醇 60 毫克；钠 230 毫克；总碳水化合物 54 克（膳食纤维 1 克）；蛋白质 3 克

使用蛋糕预拌粉

用一盒黄蛋糕预拌粉代替上面的蛋糕。按照包装盒上的说明用蛋糕预拌粉制作纸杯蛋糕，不同之处是：使用 1 量杯煮熟的冬南瓜泥、$\frac{1}{2}$ 量杯水、$\frac{1}{3}$ 量杯植物油和 4 个鸡蛋；在面糊中拌入 $\frac{1}{2}$ 量杯甜味蔓越莓干和 $\frac{1}{2}$ 量杯美洲山核桃碎。按照包装盒上的说明烘焙和冷却。按照配方的要求涂抹糖霜和装饰。

柠檬蓝莓蛋糕

28 个

准备时间：**50 分钟**

制作时间：**1 小时 50 分钟**

蛋糕

柠檬蛋糕（第 15 页）

1 量杯新鲜蓝莓

1 大勺中筋面粉

糖霜

1½ 量杯糖粉

¾ 量杯无盐黄油，软化

1 小勺柠檬皮屑

½ 小勺犹太盐（粗盐）

1¼ 小勺香草精

1 大勺牛奶

装饰

1 量杯新鲜蓝莓

条状柠檬皮，可选

新鲜薄荷，可选

1. 按照配方的要求制作柠檬蛋糕，不同之处是：在 28 个常规大小的麦芬模中分别放入纸模，将 1 量杯蓝莓和 1 大勺面粉摇匀；将面糊平均分到各个纸模中，每个纸模中的面糊大约占纸模容量的 ½；在每个纸模中的面糊上放几颗沾了面粉的蓝莓。按照配方的要求烘焙和冷却。

2. 用厨师机高速搅打所有的糖霜原料，搅打 4 分钟，或者搅打至糖霜顺滑、均匀。如有必要，加入更多牛奶，每次加入 1 小勺。

3. 给蛋糕涂抹糖霜。用蓝莓、条状柠檬皮和薄荷装饰蛋糕。

1 个蛋糕：能量 240 千卡；总脂肪 12 克（饱和脂肪 8 克；反式脂肪 0 克）；胆固醇 55 毫克；钠 190 毫克；总碳水化合物 30 克（膳食纤维 0 克）；蛋白质 2 克

甜蜜小贴士

在这些蛋糕中加盐是为了稍稍加重咸味，使其与其他原料的甜味相得益彰，进而带出柠檬的香味。

使用蛋糕预拌粉

用一盒柠檬蛋糕预拌粉代替柠檬蛋糕。按照包装盒上的说明用蛋糕预拌粉制作纸杯蛋糕，不同之处是：使用 ¾ 量杯水、⅓ 量杯植物油、1 大勺柠檬皮屑、2 个鸡蛋、1 块（3 盎司）奶油奶酪（软化），并拌入 1½ 量杯新鲜蓝莓。烘焙 18 ~ 22 分钟，或者烘焙至蛋糕顶部呈浅黄色。按照配方的要求涂抹糖霜和装饰。一共制作 24 个蛋糕。

爆炸柠檬蛋糕

24 个
准备时间：**1 小时 10 分钟**
制作时间：**2 小时 10 分钟**

蛋糕
白蛋糕（第 14 页）
馅料
1 罐（10～12 盎司）柠檬凝乳
糖霜
松软白糖霜（第 19 页）
装饰
¼ 量杯黄色装饰糖
¼ 量杯白色装饰糖

1. 按照配方的要求制作、烘焙和冷却白蛋糕。
2. 用木勺的圆柄末端在每个蛋糕顶部的中心挖一个直径 ¾ 英寸的坑，但是不要挖得太靠近底部（扭动勺子柄没入蛋糕，使坑足够大）。
3. 用勺子将柠檬凝乳舀到一个结实耐用的可重复密封保鲜袋中，在保鲜袋底部一角剪去一个 ¼ 英寸的尖儿。将这个角轻轻插入每个蛋糕中，挤大约 2 小勺柠檬凝乳作为馅料，注意不要把蛋糕弄裂了。
4. 按照配方的要求制作松软白糖霜。给蛋糕涂抹糖霜。沿着每个蛋糕的边缘撒装饰糖进行装饰。

1个蛋糕： 能量 260 千卡；总脂肪 8 克（饱和脂肪 2.5 克；反式脂肪 1 克）；胆固醇 10 毫克；钠 140 毫克；总碳水化合物 43 克（膳食纤维 0 克）；蛋白质 3 克

甜蜜小贴士

为特定场合制作这款蛋糕时，可以撒一些装饰性粗颗粒白砂糖。

使用蛋糕预拌粉

用一盒白蛋糕预拌粉代替白蛋糕。按照包装盒上的说明用蛋糕预拌粉制作蛋糕。按照配方的要求填入柠檬凝乳。至于糖霜，用 1 罐打发的、可直接涂抹的松软白糖霜代替。按照配方的要求涂抹糖霜和装饰。

草莓椰香蛋糕

（克里斯蒂·丹妮，佛罗里达州韦斯顿市，“一个无所不吃的女孩”，www.thegirlwhoateeverything. com）

24 个

准备时间：**50 分钟**

制作时间：**1 小时 50 分钟**

蛋糕

$1\frac{1}{2}$ 量杯新鲜草莓，带花萼

$\frac{1}{2}$ 量杯罐装椰奶（不是椰浆）

$1\frac{1}{2}$ 小勺椰子提取物

$\frac{1}{2}$ 小勺香草精

2 量杯蛋糕粉

2 小勺泡打粉

$\frac{1}{4}$ 小勺盐

$\frac{3}{4}$ 量杯无盐黄油，软化

$1\frac{1}{3}$ 量杯白砂糖

1 个鸡蛋

2 个蛋白

$\frac{1}{4}$ 量杯沥干的无糖菠萝罐头，切碎

糖霜

1 量杯黄油或者人造黄油，软化

$3\frac{1}{2}$ 量杯糖粉

1 小勺椰子提取物

$\frac{1}{2}$ 小勺香草精

装饰，可选

新鲜草莓

烤椰丝

1. 烤箱预热至 180°C。在 24 个常规大小的麦芬模中放入纸模。

2. 在搅拌器中放入 $1\frac{1}{2}$ 量杯草莓，盖上盖子，搅拌成泥；须搅拌 30 秒钟左右，或者直至草莓泥顺滑。（草莓泥应该有 1 量杯；如果不够，加入更多草莓搅拌。）在小碗中倒入 $\frac{2}{3}$ 量杯草莓泥；拌入椰奶、$1\frac{1}{2}$ 小勺椰子提取物和 $\frac{1}{2}$ 小勺香草精。剩下的草莓泥留着制作糖霜。

3. 在中碗中混合蛋糕粉、泡打粉和盐，放在一旁备用。用厨师机中速搅打 $\frac{3}{4}$ 量杯黄油和白砂糖，搅打 2 分钟或者直至轻盈、松软。分次加入鸡蛋和蛋白并搅打均匀。将厨师机调至低速，交替加入面粉混合物（每次大约加入总量的 $\frac{1}{3}$）和草莓椰奶混合物（每次大约加入总量的 $\frac{1}{2}$），搅打均匀。拌入菠萝碎。

4. 将面糊平均分到各个纸模中，每个纸模中的面糊大约占纸模容量的 $\frac{3}{4}$。

5. 烘焙 18～22 分钟，或者烘焙至轻轻按压、蛋糕中心能迅速回弹。冷却 5 分钟。从模具中取出蛋糕，放在冷却架上冷却。

6. 同时，用厨师机中速搅打 1 量杯黄油，搅打至轻盈、松软。再将厨师机调至低速，打入糖粉，每次大约打入 $\frac{1}{2}$ 量杯。拌入 1 小勺椰子提取物、$\frac{1}{2}$ 小勺香草精和 3 大勺预留的草莓泥（多余的草莓泥不要了），混合均匀即可。

7. 用大勺舀满满 1 勺糖霜涂抹在每个蛋糕上。用草莓和烤椰丝装饰蛋糕。

1 个蛋糕： 能量 300 千卡；总脂肪 15 克（饱和脂肪 9 克；反式脂肪 0.5 克）；胆固醇 45 毫克；钠 130 毫克；总碳水化合物 39 克（膳食纤维 0 克）；蛋白质 1 克

甜蜜小贴士

烤椰丝的时候，把椰丝放在长柄平底锅中，用中小火烤大约 8 分钟，在椰丝开始变黄之前频繁搅拌，在开始变黄之后不停地搅拌，直至椰丝变成金黄色。

西瓜蛋糕

24个
准备时间：**1小时5分钟**
制作时间：**2小时**

蛋糕

$2\frac{1}{3}$量杯中筋面粉
$2\frac{1}{2}$小勺泡打粉
$\frac{1}{2}$小勺盐
1盒（0.3盎司）樱桃饮料或其他红色无糖软性混合饮料
1量杯黄油或人造黄油，软化
$1\frac{1}{4}$量杯白糖
3个鸡蛋
1小勺香草精
$\frac{2}{3}$量杯西瓜泥（大约$1\frac{1}{2}$量杯西瓜块）
$\frac{3}{4}$量杯迷你半甜巧克力豆

糖霜和装饰

装饰糖霜（第19页）
绿色膏状食用色素
红色膏状食用色素
$\frac{1}{4}$量杯迷你半甜巧克力豆

1. 烤箱预热至180℃。在24个常规大小的麦芬模中放入纸模。
2. 在中碗中混合面粉、泡打粉、盐和无糖软性混合饮料，放在一旁备用。
3. 用厨师机中速搅打黄油，搅打30秒钟。分次加入白糖，每次加大约$\frac{1}{4}$量杯并搅打均匀，并不时将粘在碗壁上的混合物刮下来。继续搅打2分钟。加入鸡蛋，每次加1个并搅打均匀。打入香草精。将厨师机调至低速，交替加入面粉混合物（每次大约加入总量的$\frac{1}{3}$）和西瓜泥（每次大约加入总量的$\frac{1}{2}$），搅打均匀。拌入$\frac{3}{4}$量杯迷你巧克力豆。
4. 将面糊平均分到各个纸模中，每个纸模中的面糊大约占纸模容量的$\frac{2}{3}$。
5. 烘焙20～25分钟，或者烘焙至蛋糕呈浅红色、将牙签插入蛋糕中心后拔出来时表面是干净的。让蛋糕在模具中冷却5分钟。从模具中取出蛋糕，放在冷却架上冷却。
6. 按照配方的要求制作装饰糖霜。用绿色膏状食用色素将1量杯装饰糖霜染成绿色。将绿色糖霜装入装有19号星形裱花嘴的裱花袋中，放在一旁备用。用红色膏状食用色素将剩下的装饰糖霜染成红色。给蛋糕涂抹红色糖霜，边缘留出$\frac{1}{2}$英寸宽的空白不涂抹。
7. 在每个蛋糕的边缘挤一圈绿色糖霜充当西瓜皮，在每个蛋糕上摆放一些迷你巧克力豆充当西瓜子。

1个蛋糕： 能量340千卡；总脂肪16克（饱和脂肪9克；反式脂肪1克）；胆固醇55毫克；钠240毫克；总碳水化合物45克（膳食纤维0克）；蛋白质2克

使用蛋糕预拌粉

用一盒黄蛋糕预拌粉代替上面的蛋糕。用足够的西瓜搅打出$1\frac{1}{4}$量杯西瓜泥。按照包装盒上的说明用蛋糕预拌粉制作纸杯蛋糕，不同之处是：用西瓜泥代替水，并使用$\frac{1}{3}$量杯植物油、3个鸡蛋和1盒（0.3盎司）樱桃饮料或其他无糖软性混合饮料；在面糊中拌入$\frac{3}{4}$量杯迷你巧克力豆。按照包装盒上的说明烘焙和冷却。按照配方的要求涂抹糖霜和装饰。

彩虹之上蛋糕

（克里斯蒂·丹妮，佛罗里达州韦斯顿市，“一个无所不吃的女孩”，www.thegirlwhoateevery-thing.com）

12 个

准备时间：**40 分钟**

制作时间：**1 小时 40 分钟**

蛋糕

1½ 量杯中筋面粉
1¾ 小勺泡打粉
½ 量杯黄油，软化
1 量杯白砂糖
2 个鸡蛋
1 小勺香草精
1 小勺椰子提取物
¾ 量杯罐装椰奶（不是椰浆）
黄色、绿色、红色和蓝色的液状食用色素

糖霜和装饰

1½ 量杯无盐黄油或人造黄油，软化
6 量杯糖粉
一小撮盐
5 大勺牛奶
½ 小勺香草精
¼ 小勺椰子提取物
各种颜色的装饰糖，可选

1. 烤箱预热至 180℃。在 12 个常规大小的麦芬模中放入纸模。

2. 在小碗中混合面粉和泡打粉，放在一旁备用。用厨师机中速搅打 ½ 量杯黄油和白砂糖，搅打 2 分钟，或者搅打至轻盈、松软。加入鸡蛋，每次加 1 个并搅打均匀。打入 1 小勺香草精和 1 小勺椰子提取物。将厨师机调至低速，交替加入面粉混合物（每次大约加入总量的 ½）和椰奶（每次大约加入总量的 ½），搅打均匀。

3. 取 5 个小碗，在每个小碗中放入 ¾ 量杯面糊。在第一个小碗中拌入 6 滴黄色食用色素，使面糊变成黄色。用 6 滴绿色食用色素将第二个小碗中的面糊染成绿色；用 8 滴红色食用色素将第三个小碗中的面糊染成红色；用 10 滴蓝色食用色素将第四个小碗中的面糊染成蓝色；用 8 滴红色食用色素和 3 滴蓝色食用色素将第五个小碗中的面糊染成紫色。

4. 舀不太满的 1 大勺黄色面糊到每个纸模中；用勺背将面糊边缘整平。用同样的方法将绿色、红色、蓝色和紫色面糊依次舀到每个纸模中（每个纸模中的面糊大约占纸模容量的 ¾）。

5. 烘焙 18～22 分钟，或者烘焙至将牙签插入蛋糕中心后拔出来时表面是干净的。让蛋糕在模具中冷却 5 分钟。从模具中取出蛋糕，放在冷却架上冷却。

6. 用厨师机中速搅打 1½ 量杯黄油、糖粉和盐，搅打至轻盈、松软。打入 4 大勺牛奶、½ 小勺香草精和 ¼ 小勺椰子提取物。加入剩余的牛奶，每次加 1 小勺，直至糖霜变得顺滑、可涂抹。将糖霜搅打至松软。

7. 在每个蛋糕上挤或者涂抹大约 ¼ 量杯糖霜。撒上各种颜色的装饰糖。

1 个蛋糕：能量 690 千卡；总脂肪 35 克（饱和脂肪 22 克；反式脂肪 1 克）；胆固醇 115 毫克；钠 160 毫克；总碳水化合物 90 克（膳食纤维 0 克）；蛋白质 3 克

巧克力蛋糕配白松露糖霜

24 个
准备时间：**40 分钟**
制作时间：**1 小时 40 分钟**

蛋糕
巧克力蛋糕（第 13 页）
糖霜
1 量杯香草白巧克力豆
1 罐可直接涂抹的香草奶油霜

1. 按照配方的要求制作、烘焙和冷却巧克力蛋糕。
2. 将巧克力豆放入中号微波炉碗，不盖盖子，用微波炉中火加热 4～5 分钟，加热 2 分钟后开始搅拌。搅拌巧克力至顺滑后，冷却 5 分钟。拌入糖霜并搅拌均匀。给蛋糕涂抹糖霜或者用安装了 9 号圆形裱花嘴的裱花袋将糖霜挤到蛋糕上。

1 个蛋糕： 能量 290 千卡；总脂肪 13 克（饱和脂肪 5 克；反式脂肪 2 克）；胆固醇 20 毫克；钠 230 毫克；总碳水化合物 40 克（膳食纤维 1 克）；蛋白质 2 克

甜蜜小贴士

来点儿变化吧！用彩色装饰糖、可食用闪粉或者你购买的任何其他装饰物装饰这些基础纸杯蛋糕。如果愿意，你还可以在杯子上系一圈丝带作为装饰。

使用蛋糕预拌粉

用一盒魔鬼蛋糕预拌粉代替巧克力蛋糕。按照包装盒上的说明用蛋糕预拌粉制作纸杯蛋糕，再按照配方的要求给蛋糕涂抹糖霜。

五香焦糖梨蛋糕

24 个
准备时间：**1 小时 35 分钟**
制作时间：**2 小时 50 分钟**

蛋糕
黄蛋糕（第 12 页）
1/2 小勺肉桂粉
1 量杯去皮切碎的梨（1 个大梨）
1 大勺中筋面粉
五香焦糖糖霜
3/4 量杯黄油或人造黄油
1 1/2 量杯红糖，压实
1/2 小勺肉桂粉
1/3 量杯牛奶
3 1/2～4 量杯糖粉
糖梨
39 块焦糖，去掉包装
黄砂糖
绿色装饰糖霜

1. 按照配方的要求制作黄蛋糕，不同之处是：将 1/2 小勺肉桂粉加入面粉混合物中；混合梨子碎和 1 大勺面粉，拌入面糊。按照配方的要求烘焙和冷却。
2. 同时，在容量为 2 夸脱的炖锅中中火熔化黄油。拌入红糖、1/2 小勺肉桂粉和牛奶。加热至沸腾，中途不时搅拌。离火，冷却至微温（大约需要 30 分钟）。
3. 在适用于微波炉的小盘子中一次放 6 块焦糖，用微波炉加热 10～15 秒或者加热至软化。制作每个糖梨时，首先用 1 1/2 块焦糖做一个梨，再将剩下的每块焦糖分别切成 10 份，用每一份做一根柄，接着用水果刀在每个梨的顶部划一道细小的口子，将柄按到梨上，然后将每个梨（不包括柄）在黄砂糖中滚一下，最后在每个梨上挤一些绿色装饰糖霜做叶子。重复这一步骤，一共制作 24 个糖梨。
4. 逐步将糖粉拌入冷却的红糖混合物中，搅拌至顺滑、可涂抹。给蛋糕涂抹糖霜。将糖梨放在每个蛋糕的顶部。

1 个蛋糕：能量 360 千卡；总脂肪 14 克（饱和脂肪 9 克；反式脂肪 0.5 克）；胆固醇 65 毫克；钠 230 毫克；总碳水化合物 56 克（膳食纤维 0 克）；蛋白质 2 克

甜蜜小贴士

在义卖会上，将这些可爱的纸杯蛋糕放在带底座的蛋糕盘上，肯定卖得很快！

使用蛋糕预拌粉

用一盒白蛋糕预拌粉代替黄蛋糕。按照包装盒上的说明用蛋糕预拌粉制作蛋糕，不同之处是：使用 1 1/4 量杯水、1/3 量杯植物油、3 个蛋白和 3/4 小勺肉桂粉；在面糊中拌入 1 量杯与 1 大勺面粉混合均匀的去皮切碎的梨。烘焙 20～24 分钟。按照包装盒上的说明冷却。按照配方的要求涂抹糖霜和装饰。

椰林飘香蛋糕

24 个
准备时间：**55 分钟**
制作时间：**1 小时 55 分钟**

蛋糕
$2\frac{1}{3}$ 量杯中筋面粉
$2\frac{1}{2}$ 小勺泡打粉
$\frac{1}{2}$ 小勺盐
1 量杯黄油或人造黄油，软化
1 量杯白糖
3 个鸡蛋
1 小勺椰子提取物
1 小勺朗姆精
1 罐（8 盎司）菠萝罐头，切碎，不沥干
$\frac{1}{4}$ 量杯牛奶
松软热带糖霜
2 个蛋白
$\frac{1}{2}$ 量杯白糖
$\frac{1}{4}$ 量杯浅色玉米糖浆
2 大勺水
$\frac{1}{2}$ 小勺椰子提取物
$\frac{1}{2}$ 小勺朗姆精
装饰
1 量杯椰丝

1. 烤箱预热至 180℃。在 24 个常规大小的麦芬模中分别放入纸模。
2. 在中碗中混合面粉、泡打粉和盐。放在一旁备用。
3. 用厨师机中速搅打黄油，搅打 30 秒。分次加入 1 量杯白糖，每次加大约 $\frac{1}{4}$ 量杯并搅打均匀。继续搅打 2 分钟。加入鸡蛋，每次加 1 个并搅打均匀。打入 1 小勺椰子提取物和 1 小勺朗姆精。将菠萝碎沥干，汁水保留在小碗中，往小碗中拌入牛奶。将厨师机调至低速，交替加入面粉混合物（每次大约加入总量的 $\frac{1}{3}$）和牛奶混合物（每次大约加入总量的 $\frac{1}{2}$），搅打均匀。拌入菠萝碎。
4. 将面糊平均分到各个纸模中，每个纸模中的面糊大约占纸模容量的 $\frac{2}{3}$。
5. 烘焙 20～25 分钟，或者烘焙至蛋糕呈金黄色、将牙签插入蛋糕中心后拔出来时表面是干净的。让蛋糕在模具中冷却 5 分钟。从模具中取出蛋糕，放在冷却架上冷却。
6. 同时，用厨师机高速搅打蛋白，打至硬性发泡。
7. 在容量为 1 夸脱的炖锅中拌入 $\frac{1}{2}$ 量杯白糖、玉米糖浆和水，混合均匀。盖上盖子，中火加热至沸腾。揭开盖子，继续煮 4～8 分钟，不要搅拌，煮至熬糖温度计显示温度为 117℃，或者直至少量糖浆滴入一杯冰水中能够形成一个受到按压不变形的硬球。要想测得精准的温度，须稍稍倾斜炖锅以使温度计没入足够深的糖浆中进行测量。
8. 将热糖浆以细流状缓缓倒入蛋白中，同时用厨师机不断中速搅打。加入 $\frac{1}{2}$ 小勺椰子提取物和 $\frac{1}{2}$ 小勺朗姆精。将厨师机调至高速，搅打 3 分钟，或者搅打至硬性发泡。给蛋糕涂抹糖霜。用椰丝装饰涂抹了糖霜的蛋糕。

1 个蛋糕： 能量 210 千卡；总脂肪 10 克（饱和脂肪 6 克；反式脂肪 0 克）；胆固醇 45 毫克；钠 200 毫克；总碳水化合物 28 克（膳食纤维 0 克）；蛋白质 2 克

桃子波旁威士忌蛋糕

（琳赛·兰蒂斯，田纳西州纳什维尔市，“爱与橄榄油”，www.loveandoliveoil.com）

12 个

准备时间：**45 分钟**

制作时间：**1 小时 45 分钟**

蛋糕

3 个中等大小的桃子，去皮
1 1/4 量杯中筋面粉
1 小勺泡打粉
1/4 小勺小苏打
1/2 小勺盐
1/3 量杯黄油或人造黄油，软化
1/2 量杯白砂糖
1 个鸡蛋
1/4 量杯牛奶
1 大勺波旁威士忌
1/2 小勺香草精
1 大勺中筋面粉

糖霜和装饰

1/4 量杯黄油或人造黄油，软化
3 ~ 4 量杯糖粉
1/4 量杯桃子泥
1 小勺波旁威士忌
薄薄的桃片，可选

1. 烤箱预热至 180℃。在 12 个常规大小的麦芬模中分别放入纸模。

2. 切出 3/4 量杯桃子碎，放在一旁备用。将剩下的桃子切成大块放入搅拌器中，盖上盖子，搅打 30 秒，或者搅打至果泥顺滑。放在一旁备用。

3. 在中碗中混合 1 1/4 量杯面粉、泡打粉、小苏打和盐。用厨师机中速搅打 1/3 量杯黄油，搅打 30 秒。分次加入白砂糖，每次加大约 1/4 量杯并搅打均匀，并不时将粘在碗壁上的混合物刮下来。继续搅打 2 分钟。加入鸡蛋，搅打均匀。加入香草精和 1 大勺波旁威士忌搅打。

4. 将厨师机调至低速，依次加入 1/3 的面粉混合物、牛奶、1/3 的面粉混合物、1/2 量杯桃子泥、1/3 的面粉混合物，搅打均匀。将桃子碎与 1 大勺面粉混合在一起摇匀，拌入面糊中。

5. 将面糊平均分到各个纸模中，每个纸模中的面糊大约占纸模容量的 3/4。

6. 烘焙 18 ~ 22 分钟，或者烘焙至将牙签插入蛋糕中心后拔出来时表面是干净的。让蛋糕在模具中冷却 5 分钟。从模具中取出蛋糕，放在冷却架上冷却。

7. 同时，用厨师机中速搅打 1/4 量杯黄油，搅打 1 ~ 2 分钟，或者搅打至松软。分次加入 1 1/2 量杯糖粉，每次加 1/2 量杯并搅打至顺滑。加入 1/4 量杯桃子泥，搅打均匀。再加入 1 1/2 量杯糖粉，每次加 1/2 量杯并搅打均匀。加入 1 小勺波旁威士忌，将厨师机调至中高速，搅打 2 ~ 3 分钟，或者搅打至轻盈、松软。打入剩下的糖粉，每次打入 1 大勺，直至糖霜顺滑、易于涂抹。用勺子将糖霜舀到装有 7 号星形裱花嘴的裱花袋中。将糖霜挤在蛋糕顶部，挤成螺旋状。用桃片装饰。

1个蛋糕：能量 350 千卡；总脂肪 10 克（饱和脂肪 6 克；反式脂肪 0 克）；胆固醇 40 毫克；钠 240 毫克；总碳水化合物 63 克（膳食纤维 1 克）；蛋白质 2 克

奶油硬糖蛋糕配海盐焦糖糖霜

24 个
准备时间：**50 分钟**
制作时间：**2 小时 20 分钟**

蛋糕
黄蛋糕（第 12 页）
1 量杯白砂糖
2 小勺香草精
3/4 量杯奶油硬糖，粗略切碎
焦糖糖霜
1/2 量杯黄油或人造黄油
1 量杯红糖，压实
1/4 量杯牛奶
3 1/2 量杯糖粉
装饰
1/2 小勺犹太盐（粗盐）

1. 按照配方的要求制作黄蛋糕，不同之处是：使用 1 量杯白砂糖和 2 小勺香草精；在面糊中拌入奶油硬糖碎。按照配方的要求烘焙和冷却蛋糕。
2. 同时，用容量为 2 夸脱的炖锅中火熔化 1/2 量杯黄油。加入红糖，用打蛋器搅拌。加热至沸腾，其间不停搅拌。拌入 1/4 量杯牛奶。再次煮至沸腾。离火，冷却至微温，大约需要 30 分钟。逐步拌入糖粉。给蛋糕涂抹糖霜。在每个蛋糕上撒犹太盐加以装饰。

1 个蛋糕： 能量 330 千卡；总脂肪 14 克（饱和脂肪 9 克；反式脂肪 0 克）；胆固醇 60 毫克；钠 240 毫克；总碳水化合物 48 克（膳食纤维 0 克）；蛋白质 2 克

甜蜜小贴士

没有犹太盐？可以在糖霜上撒一些咸花生碎来代替。

橙子迷迭香蛋糕

26 个

准备时间：**50 分钟**

制作时间：**1 小时 50 分钟**

蛋糕

黄蛋糕（第 12 页）

2 大勺橙子皮屑（取自 2 个中等大小的橙子）

1 小勺细细切碎的新鲜迷迭香叶子

糖霜

1/3 量杯黄油或人造黄油，软化

2 小勺橙子皮屑

1/4 量杯橙子汁

4 量杯糖粉

3 大勺淡奶油

装饰

条状橙子皮，可选

小枝新鲜迷迭香，可选

1. 按照配方的要求制作黄蛋糕，不同之处是：在添加香草精时一起拌入 2 大勺橙子皮屑和迷迭香碎。按照配方的要求烘焙和冷却。

2. 同时，用厨师机高速搅打黄油至顺滑。打入橙子汁和 2 小勺橙子皮屑。将厨师机调至低速，逐步打入糖粉。加入淡奶油，每次加 1 大勺，打至顺滑、可涂抹。给蛋糕涂抹糖霜。用削皮器将橙子的表皮削成条，再用条状橙子皮以及小枝迷迭香装饰蛋糕。

1 个蛋糕： 能量 260 千卡；总脂肪 11 克（饱和脂肪 7 克；反式脂肪 0 克）；胆固醇 50 毫克；钠 190 毫克；总碳水化合物 38 克（膳食纤维 0 克）；蛋白质 2 克

甜蜜小贴士

还可以在蛋糕顶部摆放橘子瓣糖进行简单装饰。

使用蛋糕预拌粉

用一盒黄蛋糕预拌粉代替黄蛋糕。按照包装盒上的说明用蛋糕预拌粉制作纸杯蛋糕，不同之处是：使用 1 1/4 量杯水、1/3 量杯植物油、3 个鸡蛋、2 大勺橙子皮屑和 1 小勺细细切碎的新鲜迷迭香叶子。按照包装盒上的说明烘焙和冷却。按照配方的要求涂抹糖霜以及装饰。

秋叶蛋糕

24个
准备时间：**50分钟**
制作时间：**2小时30分钟**

蛋糕
巧克力蛋糕（第13页）
糖霜
奶油巧克力糖霜（第18页）
装饰
½量杯半甜巧克力豆，熔化
½量杯奶油硬糖碎，熔化

1. 按照配方的要求制作、烘焙和冷却巧克力蛋糕。
2. 同时，在烤盘中铺上边长为12英寸的蜡纸，在蜡纸上画出一个边长为8英寸的正方形。用勺子交替将熔化的巧克力和奶油硬糖舀到蜡纸上，用小号抹刀将它们旋转搅拌到一起以得到大理石花纹，并且逐渐将混合物抹成边长为8英寸的正方形。放入冰箱冻硬，大约需要30分钟。
3. 从冰箱中取出方形巧克力奶油硬糖，静置大约10分钟或直至稍稍软化。用1½英寸长的叶子形饼干模切割出24片叶子。用抹刀小心地将叶子从蜡纸上拿开，放到另一个铺了蜡纸的烤盘上。将叶子放入冰箱冻硬，大约需要5分钟。
4. 按照配方的要求制作奶油巧克力糖霜。给蛋糕涂抹糖霜，并用做好的叶子装饰。松松地盖好，放入冰箱冷藏保存。

1个蛋糕：能量320千卡；总脂肪14克（饱和脂肪7克；反式脂肪1克）；胆固醇30毫克；钠210毫克；总碳水化合物44克（膳食纤维1克）；蛋白质2克

甜蜜小贴士

巧克力豆和奶油硬糖碎可以用微波炉轻松熔化：把它们放入耐热容器，不盖盖子，高火加热大约1分钟。记住，加热30秒后要搅拌一下。

使用蛋糕预拌粉

用一盒魔鬼蛋糕预拌粉代替巧克力蛋糕。按照包装盒上的说明用蛋糕预拌粉制作纸杯蛋糕。至于糖霜，用1罐可直接涂抹的巧克力奶油霜代替。按照配方的要求涂抹糖霜以及装饰。

烤杏仁蛋糕

（布莉·海斯特，加利福尼亚州卡迈克尔市，“烘焙布莉”，www.bakedbree.com）

28 个

准备时间：**50 分钟**

制作时间：**1 小时 50 分钟**

蛋糕

3 量杯蛋糕粉
1 大勺泡打粉
½ 小勺盐
1 量杯黄油或人造黄油，软化
2 量杯白砂糖
4 个鸡蛋
¼ 量杯意大利苦杏酒
¾ 量杯牛奶

糖霜

2 量杯黄油或人造黄油，软化
4½ 量杯糖粉
6 大勺意大利苦杏酒
¼ 量杯淡奶油

装饰

½ 量杯杏仁片，烘烤 *

1. 烤箱预热至 180℃。在 28 个常规大小的麦芬模中分别放入纸模。在中碗中将蛋糕粉、泡打粉和盐搅拌在一起，放在一旁备用。

2. 用厨师机中速搅打白砂糖和 1 量杯黄油，搅打大约 5 分钟，或者搅打至轻盈、松软。加入鸡蛋，每次加 1 个并搅打均匀。打入 ¼ 量杯意大利苦杏酒。将厨师机调至低速，交替加入蛋糕粉混合物（每次大约加入总量的 ⅓）和牛奶（每次大约加入总量的 ½），搅打均匀。将面糊平均分到各个纸模中。

3. 烘焙 20～24 分钟，或者烘焙至将牙签插入蛋糕中心后拔出来时表面是干净的。冷却 5 分钟。从模具中取出蛋糕，放在冷却架上冷却。

4. 用厨师机中速搅打糖粉和 2 量杯黄油至顺滑。加入 6 大勺意大利苦杏酒和淡奶油，搅打 5 分钟或搅打至非常松软。用勺子将糖霜舀入装有 1 号星形裱花嘴的裱花袋，在每个蛋糕的顶部挤螺旋状糖霜，再点缀一些烤杏仁片。

1 个蛋糕： 能量 410 千卡；总脂肪 22 克（饱和脂肪 13 克；反式脂肪 1 克）；胆固醇 85 毫克；钠 250 毫克；总碳水化合物 48 克（膳食纤维 0 克）；蛋白质 3 克

* **烤杏仁片：** 将杏仁片铺在烤盘上，用 180℃ 的温度烘焙 5～7 分钟，或者烘焙至杏仁片呈金黄色，中途不时搅拌。也可以将杏仁平铺在可用于微波炉的派盘中，用微波炉高火加热 4～7 分钟，或直至杏仁片呈金黄色，中途经常搅拌。

用一盒黄蛋糕预拌粉代替上面的蛋糕。按照包装盒上的说明用蛋糕预拌粉制作纸杯蛋糕，不同之处是：使用 1 量杯水、¼ 量杯意大利苦杏酒、⅓ 量杯植物油和 3 个鸡蛋。按照包装盒上的说明烘焙和冷却。按照配方的要求涂抹糖霜和装饰。

甜美之夜蛋糕（第 143 页）

第四章

用于儿童派对的纸杯蛋糕

巧克力甜筒蛋糕

24个
准备时间：**1小时5分钟**
制作时间：**2小时5分钟**

蛋糕
巧克力蛋糕（第13页）
24个平底冰激凌脆筒
糖霜
松软白糖霜（第19页）
装饰
24根威化卷心酥
24颗马拉斯加酒渍樱桃，擦干

1. 按照配方的要求制作巧克力蛋糕，不同之处是：将面糊平均分到各个冰激凌脆筒中，每个脆筒中的面糊略少于 1/4 量杯。将脆筒竖直放置在麦芬模中。按照配方的要求烘焙和冷却。
2. 同时，按照配方的要求制作松软白糖霜。给蛋糕涂抹糖霜。将威化卷心酥横切成两半，得到48根短的卷心酥。在每个蛋糕上插2根短威化卷心酥充当吸管，再摆放一颗樱桃加以装饰。

1个蛋糕： 能量280千卡；总脂肪10克（饱和脂肪2.5克；反式脂肪1.5克）；胆固醇20毫克；钠250毫克；总碳水化合物43克（膳食纤维2克）；蛋白质3克

甜蜜小贴士

你还可以用一些切短了的彩色吸管和装饰糖来装饰这些甜筒蛋糕。

使用蛋糕预拌粉

用一盒魔鬼蛋糕预拌粉代替巧克力蛋糕。按照包装盒上的说明用蛋糕预拌粉制作蛋糕，不同之处是：使用 1 1/4 量杯水、1/2 量杯植物油和3个鸡蛋；在麦芬模中竖直放置24个冰激凌脆筒，在每个脆筒中放入约占其容量 1/2 的面糊；将剩下的面糊盖好放入冰箱冷藏；烘焙21～26分钟；从麦芬模中取出蛋糕放到冷却架上，让它们完全冷却，大约需要30分钟。至于糖霜，用1罐打发的、可直接涂抹的松软白糖霜代替。按照配方的要求涂抹糖霜和装饰。一共制作30～36个甜筒蛋糕。

小熊趣味甜筒蛋糕

24 个
准备时间：**55 分钟**
制作时间：**1 小时 55 分钟**

蛋糕筒
巧克力蛋糕（第 13 页）
24 个平底冰激凌脆筒
糖霜
香草奶油霜糖霜（第 18 页）
蓝色食用色素
装饰
泰迪熊形全麦饼干
环形橡皮糖
球形口香糖
条形口香糖

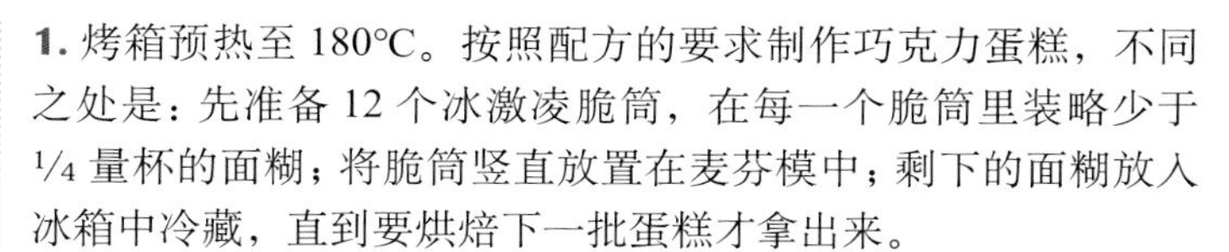

1. 烤箱预热至 180°C。按照配方的要求制作巧克力蛋糕，不同之处是：先准备 12 个冰激凌脆筒，在每一个脆筒里装略少于 ¼ 量杯的面糊；将脆筒竖直放置在麦芬模中；剩下的面糊放入冰箱中冷藏，直到要烘焙下一批蛋糕才拿出来。
2. 烘焙 20～25 分钟，或者烘焙至将牙签插入蛋糕中心后拔出来时表面是干净的。让蛋糕完全冷却。重复以上步骤，用剩下的面糊和冰激凌脆筒制作蛋糕。
3. 按照配方的要求制作香草奶油霜糖霜。用蓝色食用色素将糖霜染成蓝色，使其看起来像海水。给蛋糕涂抹糖霜。
4. 在糖霜上摆放泰迪熊形全麦饼干充当在海边玩耍的小熊，摆放环形橡皮糖充当游泳圈，摆放球形口香糖充当沙滩球，摆放条形口香糖充当充气浮板。

1 个蛋糕：能量 350 千卡；总脂肪 13 克（饱和脂肪 5 克；反式脂肪 1.5 克）；胆固醇 30 毫克；钠 220 毫克；总碳水化合物 55 克（膳食纤维 1 克）；蛋白质 2 克

甜蜜小贴士

你还可以在甜筒蛋糕上插一些鸡尾酒伞作为装饰。

使用蛋糕预拌粉

用任意一盒无挥发性气味的蛋糕预拌粉代替巧克力蛋糕。按照包装盒上的说明用蛋糕预拌粉制作蛋糕，不同之处是：先在 12 个平底冰激凌脆筒里装入约占其容量 ½ 的面糊，将脆筒竖直放入麦芬模；将剩下的面糊放入冰箱冷藏，直到准备烘焙下一批蛋糕才拿出来；烘焙 21～26 分钟，或者烘焙至将牙签插入蛋糕中心后拔出来时表面是干净的；让蛋糕完全冷却；重复以上步骤，用剩下的面糊和冰激凌脆筒制作蛋糕。至于糖霜，用 1 罐任意口味的、打发的、可直接涂抹的奶油霜代替。按照配方的要求涂抹糖霜和装饰。一共制作 30～36 个甜筒蛋糕。

惊喜甜筒蛋糕

20个

准备时间：**55分钟**

制作时间：**3小时**

蛋糕

黄蛋糕（第12页）

糖霜

2份松软白糖霜（第19页）

红色食用色素

装饰

1量杯糖衣巧克力豆

20个平底冰激凌脆筒

1/4量杯装饰糖

使用蛋糕预拌粉

在18个常规大小的麦芬模中分别放入纸模，在18个迷你麦芬模中分别放入迷你纸模。用一盒黄蛋糕预拌粉代替黄蛋糕。按照包装盒上的说明用蛋糕预拌粉制作纸杯蛋糕，不同之处是：将面糊平均分到18个常规大小的纸模中和18个迷你纸模中。迷你蛋糕烘焙11～13分钟，常规大小的蛋糕烘焙17～22分钟，或者烘焙至将牙签插入蛋糕中心后拔出来时表面是干净的。从模具中取出蛋糕，放在冷却架上冷却。至于糖霜，用3罐打发的、可直接涂抹的草莓糖霜代替。按照配方的要求组装蛋糕、涂抹糖霜和装饰。一共制作18个甜筒蛋糕。

1. 烤箱预热至180°C。在20个常规大小的麦芬模中分别放入纸模，在20个迷你麦芬模中分别放入迷你纸模。按照配方的要求制作黄蛋糕，将面糊平均分到20个常规大小的纸模和20个迷你纸模中。

2. 迷你蛋糕烘焙17～20分钟，常规大小的蛋糕烘焙20～25分钟，或者烘焙至将牙签插入蛋糕中心后拔出来时表面是干净的。从模具中取出蛋糕，放在冷却架上冷却。

3. 如果没有冰激凌脆筒支架，可以自己制作放置甜筒蛋糕的支架：在两个正方形或长方形的空模具（至少深2～2½英寸）上面盖上加厚型锡纸并绷紧。用锋利的小刀在锡纸上切出20颗“星星”——“星星”之间相距3英寸，每道刀口大约1英寸长。

4. 按照配方的要求制作2份松软白糖霜。用红色食用色素将糖霜染成粉色，在每个冰激凌脆筒里放2小勺糖衣巧克力豆。去掉蛋糕外面的纸模。

5. 组装甜筒蛋糕时，在一个常规大小的蛋糕顶部涂抹糖霜后将其上下颠倒放在冰激凌脆筒上，给该蛋糕的底部（现在是顶部）涂抹糖霜。再将一个迷你蛋糕放在刚刚涂抹了糖霜的常规大小的蛋糕上，给常规大小的蛋糕的侧面和整个迷你蛋糕涂抹糖霜（从冰激凌脆筒顶部开始往上涂抹最容易）。用装饰糖装饰。将甜筒蛋糕插入自制支架上的锡纸开口处，锡纸会使其保持直立。

1个蛋糕：能量350千卡；总脂肪13克（饱和脂肪8克；反式脂肪0克）；胆固醇60毫克；钠260毫克；总碳水化合物53克（膳食纤维1克）；蛋白质4克

甜蜜小贴士

要想让甜筒蛋糕更有吸引力，就在上面放一颗酒渍樱桃。

昆虫甜筒蛋糕

24 个
准备时间：**1 小时**
制作时间：**2 小时 35 分钟**

蛋糕
巧克力蛋糕（第 13 页）
30～36 个平底冰激凌脆筒
糖霜
香草奶油霜糖霜（第 18 页）
食用色素
装饰
小饼干或者甘草糖
迷你糖衣巧克力豆
黑色或红色的线形甘草糖

1. 烤箱预热至 180℃。按照配方的要求制作巧克力蛋糕。在 12 个平底冰激凌脆筒中放入略少于 1/4 量杯的面糊，将脆筒竖直放置在麦芬模中；剩下的面糊放入冰箱中，直到要烘焙下一批蛋糕才拿出来。
2. 烘焙 20～25 分钟，或者烘焙至将牙签插入蛋糕中心后拔出来时表面是干净的。让蛋糕完全冷却，大约需要 1 小时。重复以上步骤，用剩下的面糊和冰激凌脆筒制作蛋糕。
3. 按照配方的要求制作香草奶油霜糖霜。将糖霜分成需要的份数，用食用色素染成自己喜欢的颜色。涂抹糖霜。
4. 用小饼干或者甘草糖制作昆虫的身体，用迷你糖衣巧克力豆制作昆虫的眼睛，用线形甘草糖制作昆虫的腿和触角。

1 个涂抹了糖霜的蛋糕（未装饰）： 能量 290 千卡；总脂肪 13 克（饱和脂肪 5 克；反式脂肪 1.5 克）；胆固醇 30 毫克；钠 210 毫克；总碳水化合物 42 克（膳食纤维 1 克）；蛋白质 2 克

甜蜜小贴士

去找一些五颜六色的冰激凌脆筒来做甜筒蛋糕吧，会更有趣哟！

使用蛋糕预拌粉

用一盒魔鬼蛋糕预拌粉代替巧克力蛋糕。按照包装盒上的说明用蛋糕预拌粉制作纸杯蛋糕。在 12 个平底冰激凌脆筒里装入约占其容量 1/2 的面糊，将冰激凌脆筒竖直放入麦芬模；将剩下的面糊放入冰箱冷藏，直到准备烘焙下一批蛋糕才拿出来。按照配方的要求烘焙和冷却。重复以上步骤，用剩下的面糊和冰激凌脆筒制作蛋糕。至于糖霜，用 1 罐任意口味的、打发的、可直接涂抹的奶油霜代替。按照配方的要求涂抹糖霜和装饰。一共制作 30～36 个甜筒蛋糕。

迷你蛋糕香蕉船

24 份

准备时间：**45 分钟**

制作时间：**1 小时 50 分钟**

蛋糕

黄蛋糕（第 12 页）

3/4 量杯黄油或人造黄油，软化

1 量杯香蕉泥（取自 2 根熟透的中等大小的香蕉）

1/2 量杯牛奶

装饰

1 品脱（2 量杯）香草冰激凌

1 品脱（2 量杯）巧克力冰激凌

1 品脱（2 量杯）草莓冰激凌

1 1/2 量杯巧克力味糖浆

1 1/2 量杯草莓淋酱

1 1/2 量杯菠萝淋酱

1 1/4 量杯美洲山核桃碎

1 罐打发的奶油或打发的奶油淋酱

24 颗马拉斯加酒渍樱桃，擦干

1. 按照配方制作、烘焙和冷却迷你黄蛋糕，不同之处是：使用 3/4 量杯黄油；将香蕉泥和香草精一起打入面糊；使用 1/2 量杯牛奶。

2. 制作香蕉船：去掉蛋糕上的纸模；在每个餐盘中摆放 3 个蛋糕；在每个餐盘中的第一个蛋糕顶部用小号冰激凌勺放一勺香草冰激凌，在第二个蛋糕顶部放一勺巧克力冰激凌，在第三个蛋糕顶部放一勺草莓冰激凌。

3. 在巧克力冰激凌上淋 1 大勺巧克力味糖浆，在草莓冰激凌上淋 1 大勺草莓淋酱，在香草冰激凌上淋 1 大勺菠萝淋酱。在每个餐盘里撒大约 2 小勺美洲山核桃碎。用打发的奶油和一颗樱桃装点每个餐盘。

1 份香蕉船：能量 460 千卡；总脂肪 16 克（饱和脂肪 7 克；反式脂肪 0 克）；胆固醇 60 毫克；钠 220 毫克；总碳水化合物 75 克（膳食纤维 2 克）；蛋白质 4 克

甜蜜小贴士

按照你的需要制作相应份数的香蕉船，剩下的迷你蛋糕可以放在冰箱中冷冻保存，以后再用。

使用蛋糕预拌粉

在 72 个迷你麦芬模中分别放入迷你纸模。用一盒黄蛋糕预拌粉代替黄蛋糕。按照包装盒上的说明用蛋糕预拌粉制作纸杯蛋糕，不同之处是：使用 1 量杯香蕉泥（取自 2 根熟透的中等大小的香蕉）、1/2 量杯水、1/4 量杯软化的黄油或人造黄油、1 小勺香草精和 3 个鸡蛋。烘焙 11～17 分钟，或者烘焙至将牙签插入蛋糕中心后拔出来时表面是干净的。让蛋糕完全冷却。按照配方的要求制作香蕉船。

斑点蛋糕

24 个
准备时间：**40 分钟**
制作时间：**1 小时 40 分钟**

蛋糕
巧克力蛋糕（第 13 页）
馅料
2 块（每块 3 盎司）奶油奶酪，软化
1/3 量杯白糖
1 个鸡蛋
1 量杯迷你或常规大小的半甜巧克力豆
糖霜
香草奶油霜糖霜（第 18 页）
装饰
1/2 量杯迷你或常规大小的半甜巧克力豆

1. 烤箱预热至 180°C。在 24 个常规大小的麦芬模中分别放入纸模。
2. 用厨师机中速搅打奶油奶酪、白糖和鸡蛋，搅打至顺滑。拌入 1 量杯巧克力豆。将做好的馅料放在一旁备用。
3. 按照配方的要求制作巧克力蛋糕，在每个模具中的面糊顶部放满满 1 小勺馅料。
4. 烘焙 20 ~ 25 分钟，或者烘焙至蛋糕顶部被轻轻按压后能回弹。让蛋糕在模具中冷却 10 分钟。从模具中取出蛋糕，放在冷却架上冷却。
5. 按照配方的要求制作香草奶油霜糖霜。涂抹糖霜。用 1/2 量杯巧克力豆装点蛋糕顶部。松松盖好，放在冰箱里冷藏保存。

1 个蛋糕：能量 430 千卡；总脂肪 18 克（饱和脂肪 9 克；反式脂肪 1.5 克）；胆固醇 50 毫克；钠 240 毫克；总碳水化合物 62 克（膳食纤维 1 克）；蛋白质 3 克

甜蜜小贴士

开一个以“斑点狗”为主题的派对怎么样？为派对准备涂抹了巧克力豆冰激凌的纸杯蛋糕，玩“按住狗狗身上的斑点”的游戏，孩子们回家时送给他们一袋以狗为主题的零食或奖品。

使用蛋糕预拌粉

按照步骤 2 的要求制作馅料。用一盒魔鬼蛋糕预拌粉代替上面的蛋糕。按照包装盒上的说明用蛋糕预拌粉制作纸杯蛋糕。在每个模具中的面糊顶部放满满 1 小勺馅料。按照配方的要求烘焙和冷却。至于糖霜，用 1 罐香草奶油霜或者 1 罐可直接涂抹的糖霜代替。按照配方的要求涂抹糖霜和装饰。

疯狂小动物蛋糕

24 个
准备时间：**45 分钟**
制作时间：**1 小时 40 分钟**

蛋糕
1⅔ 量杯中筋面粉
1½ 量杯白糖
½ 量杯无糖可可粉
½ 量杯起酥油
1 量杯水
1 小勺小苏打
½ 小勺泡打粉
½ 小勺盐
2 个鸡蛋

糖霜
1 罐可直接涂抹的巧克力奶油霜

装饰
各种各样的糖和饼干，可选
1 管(0.68 盎司)黑色装饰凝胶，可选

1. 烤箱预热至 200℃。在 24 个常规大小的麦芬模中分别放入纸模。

2. 用厨师机低速搅打制作蛋糕的所有原料，搅打 30 秒，并不时将粘在碗壁上的混合物刮下来。将厨师机调至高速，继续搅打 2 分钟，并不时将粘在碗壁上的混合物刮下来。将面糊平均分到各个纸模中，每个纸模中的面糊大约占纸模容量的 ½。

3. 烘焙 15 ~ 20 分钟，或者烘焙至将牙签插入蛋糕中心后拔出来时表面是干净的。让蛋糕在模具中冷却 5 分钟。从模具中取出蛋糕，放在冷却架上冷却。

4. 涂抹糖霜。用糖、饼干和黑色装饰凝胶制作蝴蝶和瓢虫，装饰蛋糕顶部。

1 个涂抹了糖霜的蛋糕（未装饰）： 能量 200 千卡；总脂肪 8 克（饱和脂肪 2 克；反式脂肪 2 克）；胆固醇 20 毫克；钠 170 毫克；总碳水化合物 32 克（膳食纤维 1 克）；蛋白质 1 克

甜蜜小贴士

发挥创意，尽情享受用各种糖果制作这些疯狂小动物蛋糕的乐趣！

使用蛋糕预拌粉

用一盒魔鬼蛋糕预拌粉代替上面的蛋糕。按照包装盒上的说明用蛋糕预拌粉制作纸杯蛋糕。按照配方的要求涂抹糖霜和装饰。

丛林动物蛋糕

24 个

准备时间：**55 分钟**

制作时间：**2 小时 45 分钟**

蛋糕

黄蛋糕（第 12 页）

糖霜

1¼ 量杯可直接涂抹的巧克力奶油霜

黑色食用色素

1½ 量杯可直接涂抹的香草奶油霜

黄色食用色素

红色食用色素

狮子装饰

1½ 量杯焦糖爆米花

12 颗棕色迷你糖衣巧克力豆

12 根椒盐饼干棒

12 个全麦麦圈

老虎装饰

12 颗棕色迷你糖衣巧克力豆

12 颗橙色水果味橡皮糖（没有糖衣），水平切成两半，上面的那一半扔掉不要

猴子装饰

12 颗棕色迷你糖衣巧克力豆

6 颗迷你棉花糖，水平切成两半，压平

12 颗裹有巧克力的圆形迷你薄荷糖

斑马装饰

6 块圆形香草威化饼干

24 颗棕色迷你糖衣巧克力豆

6 颗黑色甘草味橡皮糖（没有糖衣），竖直切成两半

1. 按照配方的要求制作、烘焙和冷却黄蛋糕。

2. 在小碗中混合 ½ 量杯巧克力奶油霜和黑色食用色素，制成黑色糖霜。将黑色糖霜装入可重复密封保鲜袋中，在保鲜袋底部一角剪一个小口，放在一旁备用。

3. 制作狮子和老虎的头部和口鼻部：在中碗中混合 1 量杯香草奶油霜以及足够的黄色和红色食用色素，制成橙色糖霜；在小碗中混合 1 大勺橙色糖霜和 3 大勺白色的香草奶油霜，制成浅橙色糖霜用于制作口鼻部；给 12 个蛋糕涂抹橙色糖霜；在这些蛋糕上将浅橙色糖霜涂抹或者挤成小小的圆形以充当口鼻部。

4. 制作狮子的其他部分：在 6 个制作了口鼻部的蛋糕边缘摆放焦糖爆米花充当鬃毛；用棕色巧克力豆充当眼睛；将椒盐饼干棒切成 ½ 英寸长的小段，插入蛋糕充当胡须；用全麦麦圈充当耳朵；挤出黑色糖霜制作嘴和鼻子。

5. 制作老虎的其他部分：在另外 6 个制作了口鼻部的蛋糕上挤出黑色糖霜制作斑纹、鼻子和嘴；用棕色巧克力豆充当眼睛；用切成两半的橙色橡皮糖充当耳朵。

6. 制作猴子：给 6 个蛋糕涂抹巧克力奶油霜；在小碗中混合 1 大勺巧克力奶油霜和 2 大勺香草奶油霜，制成浅棕色糖霜；在每个蛋糕上将浅棕色糖霜按从中心向边缘的顺序涂抹或者挤成小小的圆形以充当口鼻部；在口鼻部对面的边缘挤出成簇的毛发；将棕色巧克力豆用糖霜贴在切成两半的棉花糖上，摆放在蛋糕上充当眼睛；挤出黑色糖霜制作嘴和鼻子；用薄荷糖充当耳朵。

7. 制作斑马：在 6 个蛋糕顶部靠近纸杯边缘的位置各切一道水平的小口子；将香草威化饼干的边缘插入小口子，制作出斑马的长脸（插入之前在饼干上涂抹少量香草奶油霜有助于黏合）；给蛋糕涂抹香草奶油霜；给饼干涂抹黑色糖霜，制成口鼻部；挤出黑色糖霜制作斑纹和鬃毛；用棕色巧克力豆充当鼻孔和眼睛；将切成两半的黑色橡皮糖两边的部分切掉，制成耳朵。

1 个涂抹了糖霜的蛋糕（未装饰）：能量 340 千卡；总脂肪 15 克（饱和脂肪 7 克；反式脂肪 3 克）；胆固醇 45 毫克；钠 280 毫克；总碳水化合物 48 克（膳食纤维 0 克）；蛋白质 2 克

老鼠先生派对蛋糕

8个
准备时间：**30分钟**
制作时间：**1小时30分钟**

蛋糕
黄蛋糕（第12页）
装饰配料
8勺香草冰激凌（每勺约1/4量杯）
16块迷你奥利奥饼干
小块的糖
32根迷你椒盐饼干棒

1. 按照配方的要求制作、烘焙和冷却黄蛋糕。这里只需要8个黄蛋糕，剩余的黄蛋糕包起来放入冰箱冷藏，以后再用。
2. 用冰激凌勺将冰激凌舀到烤盘上，每勺冰激凌之间相距3英寸。将每勺冰激凌都装点成一只老鼠：用两块奥利奥饼干充当耳朵；用小块的糖和椒盐饼干棒充当脸部器官和胡须；用保鲜膜松松盖好，放入冰箱冷冻。
3. 准备吃的时候，将纸杯蛋糕放在8个点心盘上。在每个蛋糕顶部摆放装点成老鼠的冰激凌。

1个蛋糕： 能量290千卡；总脂肪14克（饱和脂肪8克；反式脂肪0克）；胆固醇60毫克；钠270毫克；总碳水化合物36克（膳食纤维1克）；蛋白质4克

甜蜜小贴士

如果你愿意，用线形甘草糖代替椒盐饼干棒也非常棒。

使用蛋糕预拌粉

用一盒黄蛋糕预拌粉代替黄蛋糕。按照包装盒上的说明用蛋糕预拌粉制作纸杯蛋糕。按照配方的要求继续制作。

小昆虫蛋糕

24个
准备时间：**50分钟**
制作时间：**1小时50分钟**

蛋糕
白蛋糕（第14页）
糖霜
2罐（每罐1磅）可直接涂抹的白色奶油糖霜
绿色或黄色的膏状或者凝胶状食用色素
装饰
各种各样的糖果（如圆形薄荷糖、软心豆粒糖、彩色糖衣杏仁、威化糖及其他糖果）
线形甘草糖
白色装饰糖霜

1. 按照配方的要求制作、烘焙和冷却白蛋糕。
2. 用绿色或者黄色食用色素给糖霜染色。涂抹糖霜。在蛋糕上摆放糖果充当小昆虫的脑袋、身体和翅膀。除了糖果之外，你还可以使用撒了彩色砂糖的整颗棉花糖或者切成片的棉花糖。用线形甘草糖充当触角。用白色装饰糖霜制作眼睛。

1个涂抹了糖霜的蛋糕（未装饰）：能量320千卡；总脂肪12克（饱和脂肪3克；反式脂肪3.5克）；胆固醇0毫克；钠200毫克；总碳水化合物51克（膳食纤维0克）；蛋白质2克

甜蜜小贴士

如果要开儿童派对，请提前将纸杯蛋糕烤好并涂好糖霜。准备好很多盘装饰糖和装饰凝胶，让孩子们创造属于他们自己的小昆虫。

使用蛋糕预拌粉

用一盒白蛋糕预拌粉代替白蛋糕。按照包装盒上的说明用蛋糕预拌粉制作纸杯蛋糕。按照配方的要求涂抹糖霜以及装饰。

叽叽小鸡蛋糕

24 个

准备时间：**45 分钟**

制作时间：**1 小时 50 分钟**

蛋糕

黄蛋糕（第 12 页）

糖霜和装饰

2 罐（每罐 12 盎司）打发的、可直接涂抹的松软白糖霜

黄色食用色素

24 颗橙色软心豆粒糖

48 颗橙色迷你糖

1. 按照配方的要求制作、烘焙和冷却黄蛋糕。

2. 将 1 罐糖霜涂抹在蛋糕上。在另外 1 罐糖霜中拌入几滴黄色食用色素。

3. 舀满满 1 小勺黄色糖霜放到每个蛋糕顶部的中央。从一端开始纵向切割橙色软心豆粒糖，切至距另一端约 1/8 英寸时停止，将切开的部分稍稍分开并按入黄色糖霜，充当小鸡的嘴。用橙色迷你糖充当眼睛。

1 个涂抹了糖霜的蛋糕（未装饰）： 能量 290 千卡；总脂肪 14 克（饱和脂肪 7 克；反式脂肪 2 克）；胆固醇 45 毫克；钠 210 毫克；总碳水化合物 38 克（膳食纤维 0 克）；蛋白质 2 克

甜蜜小贴士

摆满了复活草和小鸡蛋糕的带底座的蛋糕盘一定会成为你家餐桌上完美的摆饰。

使用蛋糕预拌粉

用一盒黄蛋糕预拌粉代替黄蛋糕。按照包装盒上的说明用蛋糕预拌粉制作纸杯蛋糕。按照配方的要求涂抹糖霜以及装饰。

可怕的爬虫蛋糕

24 个
准备时间：**40 分钟**
制作时间：**1 小时 40 分钟**

蛋糕
巧克力蛋糕（第 13 页）
糖霜
1 罐可直接涂抹的巧克力奶油霜
装饰
石头巧克力，可选
24 条毛毛虫形软糖

1. 按照配方的要求制作、烘焙和冷却巧克力蛋糕。
2. 给蛋糕涂抹糖霜。用石头巧克力装点蛋糕。在每个蛋糕上放 1 条毛毛虫形软糖，将软糖的一端轻轻按压在糖霜上。

1个蛋糕：能量 260 千卡；总脂肪 10 克（饱和脂肪 3 克；反式脂肪 2 克）；胆固醇 20 毫克；钠 230 毫克；总碳水化合物 41 克（膳食纤维 1 克）；蛋白质 2 克

甜蜜小贴士

如果要参加义卖会或者举办生日庆典，可以在一辆崭新的玩具翻斗车里装满饼干屑、毛毛虫形软糖和装饰好的纸杯蛋糕。

使用蛋糕预拌粉

用一盒魔鬼蛋糕预拌粉代替巧克力蛋糕。按照包装盒上的说明用蛋糕预拌粉制作纸杯蛋糕。按照配方的要求涂抹糖霜和装饰。

宠物游行蛋糕

24 个
准备时间：**1 小时**
制作时间：**2 小时**

蛋糕

黄蛋糕（第 12 页）

糖霜和装饰

1 罐可直接涂抹的香草奶油霜
1 大勺巧克力味糖浆
约 2 卷任意口味的果汁卷糖
24 颗半甜巧克力豆
16 颗大号橡皮糖
1 管（0.68 盎司）粉色装饰凝胶
24 颗迷你糖衣巧克力豆
8 块迷你奥利奥饼干
1 管（0.68 盎司）黑色装饰凝胶
约 32 颗小号橡皮糖

使用蛋糕预拌粉

用一盒黄蛋糕预拌粉代替黄蛋糕。按照包装盒上的说明用蛋糕预拌粉制作纸杯蛋糕。按照配方的要求涂抹糖霜以及装饰。

1. 按照配方的要求制作、烘焙和冷却黄蛋糕。
2. 制作猫：将 $1/2$ 量杯香草奶油霜和巧克力味糖浆一起搅拌；将做好的巧克力糖霜涂抹在 8 个蛋糕的顶部；将果汁卷糖切成小片，用来充当耳朵；将另外一些果汁卷糖切成 1 英寸 × $1/4$ 英寸的条形，用来充当胡须；用巧克力豆充当鼻子和眼睛；将以上处理好的原料摆放在巧克力糖霜上制作出猫的脸部。
3. 制作兔子：将剩余香草奶油霜的一半涂抹在 8 个蛋糕的顶部；用擀面杖将大号橡皮糖擀平；稍稍折叠，整成耳朵的形状；用粉色装饰凝胶制作内耳；将果汁卷糖或者擀平的橡皮糖切成 2 英寸 × $1/4$ 英寸的条形，用来制作胡须；用糖衣巧克力豆充当眼睛和鼻子；将以上处理好的原料摆放在糖霜上制作出兔子的脸部。
4. 制作小狗：将剩余的所有香草奶油霜涂抹在剩余的 8 个蛋糕的顶部；将奥利奥饼干掰成或者切成两半；在每个涂抹了糖霜的蛋糕上插入饼干充当耳朵；用黑色装饰凝胶制作脸部的斑点或者斑纹；用小号橡皮糖充当眼睛和鼻子；用另外一些擀平的橡皮糖充当舌头；将以上处理好的原料摆放在糖霜上制作出小狗的脸部。

1 个蛋糕：能量 240 千卡；总脂肪 11 克（饱和脂肪 6 克；反式脂肪 1.5 克）；胆固醇 45 毫克；钠 220 毫克；总碳水化合物 33 克（膳食纤维 0 克）；蛋白质 2 克

甜蜜小贴士

打算举办一个宠物爱好者派对？将装饰成猫、兔子和狗的纸杯蛋糕和染成绿色的椰丝一起摆在大平盘里吧，绝对拉风！

PET PAR

巧克力麋鹿蛋糕

14 个
准备时间：**1 小时 15 分钟**
制作时间：**2 小时 5 分钟**

蛋糕
1 量杯牛奶
½ 量杯植物油
1 个鸡蛋
1½ 量杯中筋面粉
¾ 量杯白砂糖
⅓ 量杯无糖可可粉
1½ 小勺泡打粉
½ 小勺盐
¾ 量杯切碎的马拉斯加酒渍樱桃，沥干
糖霜
奶油巧克力糖霜（第 18 页）
装饰
14 块花生形花生酱夹心饼干
14 块迷你椒盐卷饼，纵向切成两半
白色装饰糖霜和红色装饰糖霜
28 颗蓝色糖衣巧克力豆
28 颗棕色糖衣巧克力豆

1. 烤箱预热至 190°C。在 14 个常规大小的麦芬模中分别放入纸模，或者在麦芬模的底部涂抹一层起酥油。
2. 在中碗中用叉子搅打牛奶、植物油和鸡蛋。拌入剩余的蛋糕原料（樱桃碎除外），搅拌至面粉变湿。拌入樱桃碎。将面糊平均分到各个纸模中（每个纸模几乎都装满）。
3. 烘焙 18～20 分钟，或者烘焙至将牙签插入蛋糕中心后拔出来时表面是干净的。让蛋糕在模具中冷却 5 分钟。从模具中取出蛋糕，放在冷却架上冷却。
4. 同时，按照配方的要求制作奶油巧克力糖霜。在小号微波炉碗中放入 ½ 量杯糖霜。不加盖，用微波炉高火加热 5～10 秒，或者加热至糖霜熔化、能搅拌顺滑。将花生酱夹心饼干的顶部和侧面浸入熔化的糖霜，再摆放在蜡纸上静置至糖霜变硬，大约需要 15 分钟。
5. 用剩下的糖霜涂抹蛋糕。在每个蛋糕上按入一块蘸了糖霜的饼干，让饼干的一端超出纸杯边缘，看起来像麋鹿的口鼻部。在饼干后部左右两边各插半块椒盐卷饼充当鹿角。用白色装饰糖霜充当鼻孔。用红色装饰糖霜制作嘴。用蓝色糖衣巧克力豆充当眼睛。用棕色糖衣巧克力豆充当耳朵。

1个蛋糕： 能量 490 千卡；总脂肪 21 克（饱和脂肪 8 克；反式脂肪 0 克）；胆固醇 35 毫克；钠 300 毫克；总碳水化合物 70 克（膳食纤维 2 克）；蛋白质 4 克

甜蜜小贴士

给要举办派对的你一个有趣的建议：在盘子上摆一圈巧克力麋鹿蛋糕作为餐桌上的中心摆饰。

河豚蛋糕

24 个

准备时间：**2 小时 40 分钟**

制作时间：**3 小时 15 分钟**

蛋糕

巧克力蛋糕（第 13 页）

糖霜

$1\frac{1}{2}$ 份香草奶油霜糖霜（第 18 页）

蓝色膏状食用色素

装饰

2 量杯椰丝

黄色和绿色液状食用色素

24 个香草奶油心巧克力软蛋糕

48 个全麦麦圈

48 颗迷你糖衣巧克力豆

24 颗糖衣巧克力豆

24 块橘子瓣糖

1. 按照配方的要求制作、烘焙和冷却巧克力蛋糕。

2. 按照配方的要求制作香草奶油霜糖霜。用膏状食用色素染成想要的蓝色。预留 $2\frac{1}{2}$ 量杯糖霜用来涂抹软蛋糕的顶部，将剩余的糖霜涂抹在巧克力蛋糕上。

3. 在两个小碗中分别放 1 量杯椰丝。在其中一个小碗中加入 2 或 3 滴黄色食用色素和 2 ~ 3 滴水，用叉子翻拌，直至椰丝被染成想要的黄色。使用 2 滴黄色食用色素、1 滴绿色食用色素和 2 ~ 3 滴水，用上述方法将另一个小碗中的椰丝染成想要的黄绿色。如果愿意，可以将两种颜色的椰丝混合在一起，放在一个碗里。

4. 按照下一页中的方法装饰每个纸杯蛋糕。

5. 制作鳍：在软蛋糕的顶部按入 1 片橘子瓣糖充当背鳍，在两侧各按入 1 小片橘子瓣糖充当侧鳍。

1 个蛋糕： 能量 720 千卡；总脂肪 25 克（饱和脂肪 14 克；反式脂肪 0.5 克）；胆固醇 70 毫克；钠 570 毫克；总碳水化合物 119 克（膳食纤维 2 克）；蛋白质 5 克

用一盒魔鬼蛋糕预拌粉代替巧克力蛋糕。按照包装盒上的说明用蛋糕预拌粉制作纸杯蛋糕。从 2 罐可直接涂抹的香草奶油霜中取 $5\frac{1}{2}$ 量杯，用蓝色膏状食用色素染成蓝色，用来代替配方中的糖霜。按照配方的要求继续制作。

装饰河豚

1. 从预留的蓝色糖霜中舀大约 $1\frac{1}{2}$ 大勺涂抹在 1 个软蛋糕的顶部和侧面。将涂抹了糖霜的软蛋糕放在涂抹了糖霜的巧克力蛋糕上；用椰丝装点。

2. 用 2 个全麦麦圈制作眼睛。在每个麦圈的一面涂抹糖霜并将它粘在软蛋糕上。在每个麦圈上再粘 1 颗迷你巧克力豆，再用 1 颗巧克力豆充当嘴巴。

3. 将 1 块橘子瓣糖水平切成 2 片，再将其中 1 片横向切成两半。

滑雪者蛋糕

64 个

准备时间：1 小时 40 分钟

制作时间：3 小时 20 分钟

黄蛋糕（第 12 页）

1 盒（1 磅 2.3 盎司）乳脂软糖布朗尼蛋糕预拌粉

1/4 量杯水

2/3 量杯植物油

2 个鸡蛋

1 1/2 量杯椰丝

4 ~ 6 滴绿色食用色素

4 ~ 6 滴水

1 量杯可直接涂抹的巧克力奶油糖霜

64 颗橘汁耐嚼水果软糖，去掉包装

16 卷草莓味果汁卷糖

2 大勺蜂蜜

1 ~ 2 小勺水

2 大勺芝麻

1. 按照黄蛋糕配方的要求制作、烘焙和冷却迷你黄蛋糕。

2. 按照包装盒上的说明用蛋糕预拌粉、水、植物油和鸡蛋制作布朗尼蛋糕。将面糊铺在 15 英寸 ×10 英寸 ×1 英寸的烤盘里。烘焙 22 ~ 26 分钟。让蛋糕冷却 20 分钟。用直径为 1 1/2 英寸的饼干模切出 64 块圆形布朗尼蛋糕，用来充当汉堡包的肉馅。

3. 在中碗中用叉子翻拌椰丝、4 ~ 6 滴绿色食用色素和水，直至椰丝变成想要的绿色。放在一旁备用。

4. 去掉 64 个迷你黄蛋糕外面的纸模（剩余的蛋糕可以留到下一次用）。将每个蛋糕水平切成两半，分别充当汉堡包顶部和底部的面包。将圆形布朗尼蛋糕（肉馅）放在底部面包上，用糖霜粘牢。

5. 制作奶酪片：在大盘子里每次放大约 8 颗橘汁水果软糖，用微波炉高火加热 5 ~ 10 秒以使其软化。用量杯的底部将糖压平，直至每一片的直径约为 1 3/4 英寸。用糖霜粘在汉堡包肉馅上。重复这一步骤，将其余的水果软糖制成奶酪片并粘好。

6. 制作番茄酱：用厨房剪刀将草莓味果汁卷糖剪成直径约为 1 3/4 英寸的边缘不规则的圆形（模仿番茄酱）。用糖霜粘在奶酪片上。在番茄酱上涂抹一点儿糖霜，在上面铺一层（略少于 2 小勺）椰丝充当生菜丝。

7. 在小碗中将蜂蜜与足够的水混合，以使其不那么黏稠。在每个顶部面包的顶部刷一层，再撒一些芝麻。在顶部面包底部涂抹一点儿糖霜，将顶部面包粘在椰丝上。

1 个蛋糕：能量 190 千卡；总脂肪 8 克（饱和脂肪 3.5 克；反式脂肪 0 克）；胆固醇 25 毫克；钠 135 毫克；总碳水化合物 27 克（膳食纤维 0 克）；蛋白质 1 克

甜蜜小贴士

布朗尼蛋糕可以先烘焙好，但是要等到准备组装再切成汉堡包肉馅的样子，这样它们才不会变干。

橄榄球蛋糕

24个
准备时间：**50分钟**
制作时间：**1小时50分钟**

蛋糕
黄蛋糕（第12页）
糖霜和装饰
奶油巧克力糖霜（第18页）
½量杯糖衣巧克力豆
1管（4.25盎司）白色装饰糖霜

1. 按照配方的要求制作、烘焙和冷却黄蛋糕。
2. 按照配方的要求制作奶油巧克力糖霜。用勺子将糖霜舀到装有5号星形裱花嘴的裱花袋中。
3. 将24个蛋糕中的15个摆成橄榄球形。在橄榄球上挤几行粗粗的糖霜；用抹刀涂抹，使糖霜覆盖蛋糕。沿橄榄球的边缘挤一些糖霜作为花边。在花边上点缀一些糖衣巧克力豆。挤一些白色糖霜充当缝线。按自己的喜好给剩余的蛋糕涂抹糖霜并装饰，与橄榄球蛋糕一起上桌。

1个涂抹了糖霜的蛋糕（未装饰）： 能量280千卡；总脂肪14克（饱和脂肪8克；反式脂肪0克）；胆固醇60毫克；钠210毫克；总碳水化合物38克（膳食纤维0克）；蛋白质2克

甜蜜小贴士

让你的蛋糕体现团队精神吧！装饰蛋糕时，你可以使用颜色跟你们球队或者学校的代表色一样的糖衣巧克力豆。

使用蛋糕预拌粉

用一盒黄蛋糕预拌粉代替黄蛋糕。按照包装盒上的说明用蛋糕预拌粉制作纸杯蛋糕。至于糖霜，用2罐可直接涂抹的巧克力奶油霜代替。按照配方的要求摆放蛋糕、涂抹糖霜和装饰。

棒球帽蛋糕

24 个
准备时间：**1 小时 5 分钟**
制作时间：**2 小时 5 分钟**

蛋糕
黄蛋糕（第 12 页）
糖霜
2 份香草奶油霜糖霜（第 18 页）
各种颜色的食用色素
装饰
黑色鞋带形甘草糖
水果味迷你糖衣巧克力豆
各种各样的片状水果软糖
1 管（0.68 盎司）装饰凝胶（任意颜色），可选

1. 按照配方的要求制作、烘焙和冷却黄蛋糕。
2. 按照配方的要求制作 2 份香草奶油霜糖霜。想要多少种颜色，就把糖霜平均分到多少个小碗中，然后在每个小碗中拌入一种颜色的食用色素。从每个蛋糕顶部切下一片，使顶部变平。将蛋糕上下颠倒。给蛋糕涂抹糖霜。
3. 从每顶帽子顶部的中心开始朝侧面放几根鞋带形甘草糖充当接缝。在每顶帽子顶部的中心摆放一颗水果味糖衣巧克力豆。用片状水果软糖充当帽檐（如有必要，修剪水果软糖）。用装饰凝胶在帽子上写出球队名称的首字母或者孩子的名字。

1 个涂抹了糖霜的蛋糕（未装饰）： 能量 510 千卡；总脂肪 19 克（饱和脂肪 12 克；反式脂肪 0.5 克）；胆固醇 75 毫克；钠 260 毫克；总碳水化合物 80 克（膳食纤维 0 克）；蛋白质 2 克

甜蜜小贴士

可以在棒球帽旁边放一勺棒球大小的香草冰激凌，进一步扩展棒球主题。

使用蛋糕预拌粉

用一盒黄蛋糕预拌粉代替黄蛋糕。按照包装盒上的说明用蛋糕预拌粉制作纸杯蛋糕。至于糖霜，用 3 罐可直接涂抹的香草奶油霜代替。按照配方的要求涂抹糖霜和装饰。

趣味儿童派对

几乎没有什么比一个主题派对带给孩子的快乐和回忆更多。不管是举办生日派对、学校庆祝活动，还是节日聚会，下面这些富有创意的想法都将帮助你轻松应对！

“一日小公主”生日派对

这个派对将吸引所有在场的小“时尚达人”！请制作童话公主蛋糕（第 148 页）并摆放在带有底座的大平盘上。

装饰

- 在举办派对的场所四处悬挂假项链、羽毛围巾和丝带等。
- 制作“红地毯”：将红色的纸连在一起，让它们看起来像一条红色长地毯。用聚光灯或迪斯科舞厅的闪光灯球照亮场地。

游戏和活动

- 播放欢快的时装秀音乐。
- 拿出从邻居那里借来的或者从二手货市场买来的各种舞台服装。将客人和舞台服装都分成两组。来一场接力赛，客人们必须跑过去在自己的衣服外面套上舞台服装，然后跑回来。哪个组的所有组员先完成穿上和脱掉舞台服装的任务，哪个组就获胜。
- 举办一场时装秀：让客人们根据自己手头的舞台服装进行设计。为他们提供各种各样的配饰，比如手套、帽子、眼镜和首饰等。让每位客人装扮起来“走红毯”，展示他们的设计。

派对礼物

- 小手镜和梳子，或者一支口红。

时尚蛋糕（第 234 页）

黑猫蛋糕（第 179 页）

棒球帽蛋糕（第 137 页）

疯狂万圣节派对

这个派对特别适合学校庆祝活动或者邻里聚会，充满“吓人的乐趣”！请制作骷髅蛋糕（第 176 页）或者女巫帽蛋糕（第 177 页）。

装饰

- 在举办派对的场所悬挂橙色和黑色的装饰纸带和“蜘蛛网”。在“蜘蛛网”上系一些塑料蜘蛛。
- 播放万圣节音乐或者吓人的声音，这样的光盘在派对用品商店里可以买到。

游戏和活动

- 让客人们用万圣节糖果装饰纸杯蛋糕，然后吃掉他们的作品！
- 玩“鬼怪冻僵了”游戏：音乐开始，客人们开始跳舞；音乐停止，客人们必须“冻僵”，保持当时的姿势不变。

派对礼物

- 夜光弹力球、万圣节铅笔、橡皮或红唇形蜡糖，这些在网上的派对用品商店里可以买到。

“让我们打棒球吧”生日派对

开始比赛吧！这个派对将让过生日的孩子觉得自己是最有价值球员！请制作颜色与过生日的孩子最喜欢的球队的代表色一样的棒球帽蛋糕（第 137 页）。将这些蛋糕作为这个派对的装饰之一。

装饰

- 在举办派对的场所悬挂彩带、三角旗和运动海报。
- 以过生日的孩子的名字给你们家重新命名，在大门上悬挂写有新“体育馆”名称的横幅。
- 标记出“体育馆”的所有重要区域——后院球员休息区、供应派对食物的快餐区以及放有让客人们带回家的派对礼物的礼品区。
- 在户外的树枝上挂一个装满了玩具和糖果的彩球以增添气氛。

游戏和活动

- 客人到来的时候，将他们分组，然后组织一场球赛，并为胜利者颁奖。
- 为客人提供便宜的头盔或者棒球帽以及各种油彩和画具用于装扮。

派对礼物

- 送棒球卡、弹力球和口香糖之类的派对礼物给棒球迷，绝对会给派对加分哦！

怪物卡车蛋糕

23 个
准备时间：**1 小时 5 分钟**
制作时间：**1 小时 50 分钟**

蛋糕
黄蛋糕（第 12 页）
糖霜
装饰糖霜（第 19 页）
绿色膏状食用色素
装饰
2 个巧克力油炸圈饼或者裹有巧克力的油炸圈饼
黑色装饰糖霜
2 块奥利奥饼干
6 颗大号橡皮糖
1 卷彩色果汁卷糖，去掉包装
2 颗肉桂糖
2 颗环形硬糖
1 根彩色塑料吸管

1. 按照配方的要求制作、烘焙和冷却黄蛋糕。
2. 同时，按照配方的要求制作装饰糖霜。预留 ½ 量杯装饰糖霜，加一点儿黑色装饰糖霜染成灰色。用绿色（或者你喜欢的卡车颜色）食用色素给剩下的糖霜染色。
3. 组装卡车：根据下面的图示摆放 23 个蛋糕。（剩下的 1 个蛋糕留着下次用。）将蛋糕稍稍推拢以便给卡车涂抹糖霜，而非给单个蛋糕涂抹糖霜。用绿色糖霜涂抹摆成卡车形的蛋糕，用灰色糖霜涂抹卡车的窗户和底部边缘。
4. 将油炸圈饼摆放在卡车底部充当车轮。用一点儿黑色装饰糖霜将奥利奥饼干粘在油炸圈饼中心，使其看起来像毂盖。用装饰糖霜在每块饼干的中心粘一颗橡皮糖。
5. 用黑色装饰糖霜勾勒出卡车的车身并画出窗户。剥掉果汁卷糖背面的纸衬。用剪刀从果汁卷糖上剪一些火焰形作为装饰物，并按压在蛋糕上。
6. 制作大灯：用一点儿装饰糖霜将肉桂糖粘在环形硬糖上，再将它们按压在卡车前端，就做成了一个大灯。用橡皮糖充当车顶上的灯和尾灯。将吸管剪成适当长度的粘贴在卡车上，充当防翻架；再剪 4 根短的连接车轮和车身。

1 个蛋糕： 能量 340 千卡；总脂肪 14 克（饱和脂肪 8 克；反式脂肪 0.5 克）；胆固醇 60 毫克；钠 230 毫克；总碳水化合物 50 克（膳食纤维 0 克）；蛋白质 2 克

使用蛋糕预拌粉

用一盒黄蛋糕预拌粉代替黄蛋糕。按照包装盒上的说明用蛋糕预拌粉制作纸杯蛋糕。至于糖霜，用 1 罐可直接涂抹的香草奶油霜代替。用绿色膏状食用色素将 1 量杯糖霜染成绿色。按照配方的要求涂抹糖霜和装饰。

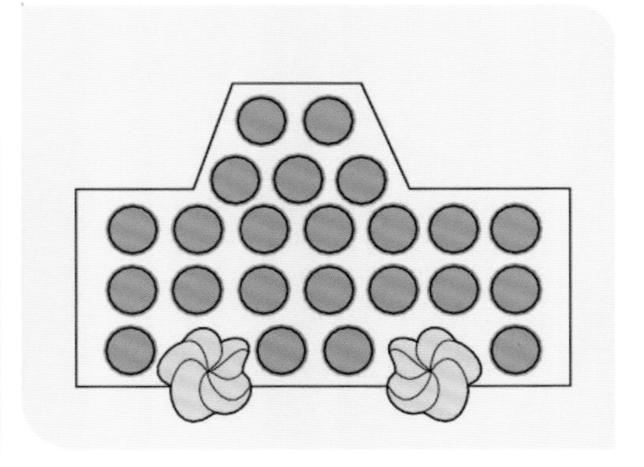

7

乌龟蛋糕

24 个
准备时间：**1 小时 5 分钟**
制作时间：**2 小时 5 分钟**

蛋糕
黄蛋糕（第 12 页）
糖霜
香草奶油霜糖霜（第 18 页）
装饰
2 袋（每袋 6.75 盎司）魔鬼蛋糕饼干
绿色装饰糖霜
48 颗长 1 英寸的迷你绿色水果味耐嚼糖

1. 按照配方的要求制作、烘焙和冷却黄蛋糕。
2. 按照配方的要求制作香草奶油霜糖霜。给蛋糕涂抹糖霜。
3. 将魔鬼蛋糕饼干按压在每个蛋糕顶部的中心，用装饰糖霜将饼干装饰成乌龟壳。
4. 用微波炉高火加热绿色耐嚼糖，加热 10 秒，或者加热至可塑形。用变软的耐嚼糖捏出乌龟的头、尾巴和脚，每只乌龟需要用 2 颗糖。

1 个蛋糕： 能量 340 千卡；总脂肪 14 克（饱和脂肪 8 克；反式脂肪 0.5 克）；胆固醇 60 毫克；钠 230 毫克；总碳水化合物 50 克（膳食纤维 0 克）；蛋白质 2 克

用一盒黄蛋糕预拌粉代替黄蛋糕。按照包装盒上的说明用蛋糕预拌粉制作纸杯蛋糕。至于糖霜，用 1 罐可直接涂抹的香草奶油霜代替。按照配方的要求涂抹糖霜和装饰。

甜美之夜蛋糕

24 个
准备时间：**2 小时 40 分钟**
制作时间：**3 小时 40 分钟**

蛋糕
黄蛋糕（第 12 页）
糖霜
香草奶油霜糖霜（第 18 页）
装饰
48 块香草威化饼干
各种颜色的装饰糖霜
12 卷任意口味的果汁卷糖
各种各样的装饰糖，可选

1. 按照配方的要求制作、烘焙和冷却黄蛋糕。
2. 按照配方的要求制作香草奶油霜糖霜。给蛋糕涂抹糖霜。
3. 在每个蛋糕的顶部摆放 2 块香草威化饼干并向下按压，1 块充当脑袋，1 块充当身体。用装饰糖霜在充当脑袋的威化饼干上制作脸部器官和头发。从果汁卷糖上剪出 4 英寸 ×$2\frac{1}{2}$ 英寸的小片按压在蛋糕上充当毯子，盖住身体。用装饰糖霜和装饰糖装点毯子。

1 个蛋糕： 能量 340 千卡；总脂肪 14 克（饱和脂肪 8 克；反式脂肪 0.5 克）；胆固醇 60 毫克；钠 230 毫克；总碳水化合物 50 克（膳食纤维 0 克）；蛋白质 2 克

甜蜜小贴士

为什么不为女孩们的通宵派对制作一些这种纸杯蛋糕呢？提前烘焙好纸杯蛋糕；将蛋糕和用于装饰的物品摆放在盘子中让女孩们动手装饰。快让创意大爆发吧！

使用蛋糕预拌粉

用一盒黄蛋糕预拌粉代替黄蛋糕。按照包装盒上的说明用蛋糕预拌粉制作纸杯蛋糕。至于糖霜，用 1 罐可直接涂抹的香草奶油霜代替。按照配方的要求涂抹糖霜和装饰。

扎染蛋糕

24 个
准备时间：**15 分钟**
制作时间：**1 小时 25 分钟**

白蛋糕（第 14 页）
1 罐（9 盎司）五彩装饰糖

1. 按照配方的要求制作白蛋糕，不同之处是：先在每个纸模中装 $1/2$ 的面糊，再撒 $1/4$ 小勺装饰糖，然后放剩余的面糊，最后再撒 $1/2$ 小勺装饰糖。
2. 按照配方的要求烘焙和冷却。

1 个蛋糕： 能量 230 千卡；总脂肪 9 克（饱和脂肪 3 克；反式脂肪 1 克）；胆固醇 0 毫克；钠 130 毫克；总碳水化合物 34 克（膳食纤维 1 克）；蛋白质 3 克

甜蜜小贴士

颜色亮丽的装饰糖融入面糊中，在蛋糕内部和表面制造出扎染的效果。

使用蛋糕预拌粉

用一盒白蛋糕预拌粉代替白蛋糕。按照包装盒上的说明用蛋糕预拌粉制作纸杯蛋糕，不同之处是：先在每个纸模中装 $1/2$ 的面糊，再撒 $1/4$ 小勺装饰糖，然后放剩余的面糊，最后再撒 $1/2$ 小勺装饰糖。按照包装盒上的说明烘焙和冷却。

幸运符蛋糕

24 个
准备时间：**45 分钟**
制作时间：**1 小时 45 分钟**

蛋糕
黄蛋糕（第 12 页）
糖霜
香草奶油霜糖霜（第 18 页）
装饰
3 量杯幸运符谷物饼干
绿色可食用闪粉

1. 按照配方的要求制作、烘焙和冷却黄蛋糕。
2. 按照配方的要求制作香草奶油霜糖霜。给蛋糕涂抹糖霜。在每个蛋糕顶部摆放 2 大勺谷物饼干，撒上可食用闪粉。

1 个蛋糕： 能量 340 千卡；总脂肪 14 克（饱和脂肪 8 克；反式脂肪 0.5 克）；胆固醇 60 毫克；钠 220 毫克；总碳水化合物 50 克（膳食纤维 0 克）；蛋白质 2 克

甜蜜小贴士

制作这些有趣的纸杯蛋糕时，可以请孩子们帮忙添加顶部装饰。

使用蛋糕预拌粉

用一盒黄蛋糕预拌粉代替黄蛋糕。按照包装盒上的说明用蛋糕预拌粉制作纸杯蛋糕。至于糖霜，用 1 罐可直接涂抹的香草奶油霜代替。按照配方的要求涂抹糖霜和装饰。

享受阳光蛋糕

24 个

准备时间：**1 小时 40 分钟**

制作时间：**2 小时 40 分钟**

蛋糕

黄蛋糕（第 12 页）

糖霜

香草奶油霜糖霜（第 18 页）

蓝色膏状食用色素

装饰

12 片水果味条纹口香糖，去掉包装，切成两半

各种颜色的装饰糖霜

24 块泰迪熊形全麦饼干

24 颗大号橡皮糖

24 根椒盐饼干棒

1. 按照配方的要求制作、烘焙和冷却黄蛋糕。

2. 按照配方的要求制作香草奶油霜糖霜。用蓝色食用色素将 1 量杯糖霜染成蓝色。用蓝色糖霜涂抹每个蛋糕顶部一半的区域，使那里看起来像海水。给蛋糕顶部的另一半区域涂抹剩余的白色糖霜，使那里看起来像沙滩。

3. 将半片口香糖按压在每个蛋糕的白色糖霜上充当浴巾。用装饰糖霜给每只熊制作泳衣和太阳镜。用一点儿装饰糖霜在每条浴巾上粘一只熊。

4. 将橡皮糖擀成直径为 1½ 英寸的圆形。用剪刀在橡皮糖的边缘剪出狭长的口子，使其看起来像棕榈树的叶子。在每根椒盐饼干棒的一端放 1 片橡皮糖并按压，在每个蛋糕上插 1 根椒盐饼干棒。

1 个蛋糕：能量 340 千卡；总脂肪 14 克（饱和脂肪 8 克；反式脂肪 0.5 克）；胆固醇 60 毫克；钠 230 毫克；总碳水化合物 50 克（膳食纤维 0 克）；蛋白质 2 克

甜蜜小贴士

你可以为沙滩上的小熊买一些鸡尾酒伞插在纸杯蛋糕上。

使用蛋糕预拌粉

用一盒黄蛋糕预拌粉代替黄蛋糕。按照包装盒上的说明用蛋糕预拌粉制作纸杯蛋糕。至于糖霜，用 1 罐可直接涂抹的香草奶油霜代替，用蓝色食用色素将 1 量杯糖霜染成蓝色。按照配方的要求涂抹糖霜和装饰。

比赛日蛋糕

24 个
准备时间：**1 小时 25 分钟**
制作时间：**2 小时 25 分钟**

蛋糕
巧克力蛋糕（第 13 页）
糖霜
松软白糖霜（第 19 页）
膏状食用色素
装饰
星形装饰糖
1 管（4.25 盎司）白色装饰糖霜
24 颗覆有牛奶巧克力的杏仁
4 卷任意口味的果汁卷糖
24 根细椒盐饼干棒

1. 按照配方的要求制作、烘焙和冷却巧克力蛋糕。
2. 按照配方的要求制作松软白糖霜。将 3/4 量杯糖霜平均分到两个小碗中，在每个小碗中加入颜色与你喜欢的球队的代表色一样的食用色素，搅拌均匀。
3. 给蛋糕涂抹糖霜，然后用星形装饰糖装饰。制作橄榄球时，将白色装饰糖霜挤在杏仁上充当缝线。将每卷果汁卷糖切成 6 个三角形，将每根椒盐饼干棒的一端用 1 个三角形包裹起来做成旗子。在每个蛋糕上放 1 个橄榄球和 1 面旗子加以装饰。

1 个蛋糕：能量 190 千卡；总脂肪 7 克（饱和脂肪 2 克；反式脂肪 1 克）；胆固醇 20 毫克；钠 180 毫克；总碳水化合物 29 克（膳食纤维 1 克）；蛋白质 2 克

甜蜜小贴士

要想更好玩，可以制作青草，建造一个球场。在一个紧紧盖住的罐子里摇晃 1 量杯椰丝和 3 滴绿色食用色素，直至椰丝染色均匀。然后，将纸杯蛋糕摆放在球场上。

使用蛋糕预拌粉

用一盒魔鬼蛋糕预拌粉代替巧克力蛋糕。按照包装盒上的说明用蛋糕预拌粉制作纸杯蛋糕。至于糖霜，用 1 罐打发的、可直接涂抹的松软白糖霜代替。按照配方的要求涂抹糖霜和装饰。

童话公主蛋糕

让神奇的梦境成为现实，创造出梦中的公主蛋糕！从第一章中选一款纸杯蛋糕制作出来，并制作好第 18 页的香草奶油霜糖霜。用粉色膏状食用色素将糖霜染成粉色。用装有 7 号星形裱花嘴的裱花袋将糖霜挤到纸杯蛋糕上，挤的时候从边缘开始，螺旋式向中心挤。

精灵帽和魔法棒蛋糕

用迷你冰激凌脆筒充当精灵帽。从果汁卷糖上剪一些细长条充当帽子的穗。用擀面杖将橡皮糖擀平，用小饼干模或者小刀切成星形后按压在椒盐饼干棒的一端，就做成了魔法棒。用珍珠糖装点蛋糕。

项链蛋糕

在蛋糕顶部撒装饰糖和冰糖。把珍珠糖按压在糖霜上充当项链。用可食用糖花充当项链的坠子，用水或者一点儿糖霜粘贴在项链上。

公主头冠蛋糕

在蛋糕顶部撒装饰糖。制作每顶头冠的时候，先用微波炉加热 3 颗直径为 1 英寸的黄色耐嚼糖，加热 10 秒；然后将耐嚼糖擀成或者按压成 2 英寸×6 英寸的长方形；沿着一条长边剪出一些 V 形缺口并首尾相连成头冠，再将头冠插入糖霜中；最后在头冠上刷水以便粘贴装饰糖，并在头冠尖端用糖霜粘上珍珠糖。

青蛙王子蛋糕

制作青蛙：将 1 颗小号橡皮糖水平切成两半后用牙签固定在大号绿色橡皮糖上充当眼睛；将黄色橡皮糖擀平后切成头冠，用牙签固定在大号绿色橡皮糖上；将黑色糖霜和白色糖霜挤在眼睛上；将粉色糖霜挤在大号绿色橡皮糖上制作出嘴巴；用糖霜将 2 颗圆形绿色装饰糖固定在大号绿色橡皮糖上充当口鼻部。按照自己的喜好进行装饰，在食用之前拿掉牙签。

海盗蛋糕

24 个

准备时间：**1 小时 40 分钟**

制作时间：**2 小时 30 分钟**

蛋糕

巧克力蛋糕（第 13 页）

24 块迷你杯形花生酱夹心巧克力，去掉包装

糖霜

香草奶油霜糖霜（第 18 页）

装饰

2 卷任意一种红色的果汁卷糖

24 颗小号环形糖或全麦麦圈

3 大勺迷你糖衣半甜巧克力豆

1 大勺半甜巧克力豆

2 根黑色线形甘草糖（每根 34 英寸长）

1. 烤箱预热至 180℃。在 24 个常规大小的麦芬模中分别放入纸模。

2. 按照配方的要求制作巧克力蛋糕。将面糊平均分到各个纸模中，每个纸模中的面糊大约占纸模容量的 ⅔。在每个纸模中的面糊上放 1 块夹心巧克力（烘焙的时候会下沉）。按照配方的要求烘焙和冷却。

3. 按照配方的要求制作香草奶油霜糖霜。给蛋糕涂抹糖霜。

4. 从 1 卷果汁卷糖上切下 12 英寸长的一段，放在一旁备用。将剩下的果汁卷糖切成 2 英寸长的小片，然后将每一小片都切成新月形。剥掉果汁卷糖背面的纸衬，在每个蛋糕上贴一小片充当头巾的顶端。

5. 将预留的果汁卷糖切成 12 片（每片 1 英寸长），剥掉纸衬后将每一片纵向切成两半。再将每一小片在中间扭一下，添加到每个蛋糕上的新月形果汁卷糖一端，充当头巾的结。在每个结下方摆放 1 颗环形糖充当耳朵。用糖衣巧克力豆、巧克力豆和甘草糖制作脸部器官和眼罩。

1 个涂抹了糖霜的蛋糕（未装饰）： 能量 350 千卡；总脂肪 14 克（饱和脂肪 6 克；反式脂肪 1 克）；胆固醇 30 毫克；钠 220 毫克；总碳水化合物 54 克（膳食纤维 1 克）；蛋白质 2 克

使用蛋糕预拌粉

用一盒巧克力乳脂软糖蛋糕预拌粉代替巧克力蛋糕。按照包装盒上的说明用蛋糕预拌粉制作蛋糕。将面糊平均分到各个纸模中。在每个纸模中的面糊上放 1 块夹心巧克力（烘焙的时候会下沉）。按照配方的要求烘焙和冷却。至于糖霜，用 1 罐可直接涂抹的香草奶油霜代替。按照配方的要求涂抹糖霜和装饰。一共制作 24 个纸杯蛋糕。

蝴蝶蛋糕

24 个
准备时间：**45 分钟**
制作时间：**1 小时 45 分钟**

蛋糕
黄蛋糕（第 12 页）
糖霜和装饰
1 罐可直接涂抹的香草奶油霜
红色液状食用色素
黄色液状食用色素
⅔ 量杯可直接涂抹的巧克力奶油霜
各种颜色的糖果和装饰砂糖

1. 按照配方的要求制作、烘焙和冷却黄蛋糕。
2. 将香草奶油霜放在小碗中，拌入 5 滴红色食用色素和 5 滴黄色食用色素，制成橙色糖霜，放在一旁备用。
3. 在大托盘或烤盘上垫锡纸，根据左边的图示摆放 24 个蛋糕。将蛋糕稍稍推拢以便给蝴蝶的整个身体和触角涂抹糖霜，而不是给单个蛋糕涂抹糖霜。用巧克力糖霜涂抹蝴蝶身体的中间部分和触角。
4. 将蛋糕稍稍推拢以便给整个翅膀涂抹糖霜：用橙色糖霜涂抹剩余的杯子蛋糕，做成蝴蝶的翅膀。如果愿意，用巧克力糖霜在翅膀上勾勒轮廓。用各种颜色的糖果和砂糖装饰蝴蝶。

1 个涂抹了糖霜的蛋糕（未装饰）： 能量 270 千卡；总脂肪 12 克（饱和脂肪 6 克；反式脂肪 2 克）；胆固醇 45 毫克；钠 240 毫克；总碳水化合物 37 克（膳食纤维 0 克）；蛋白质 2 克

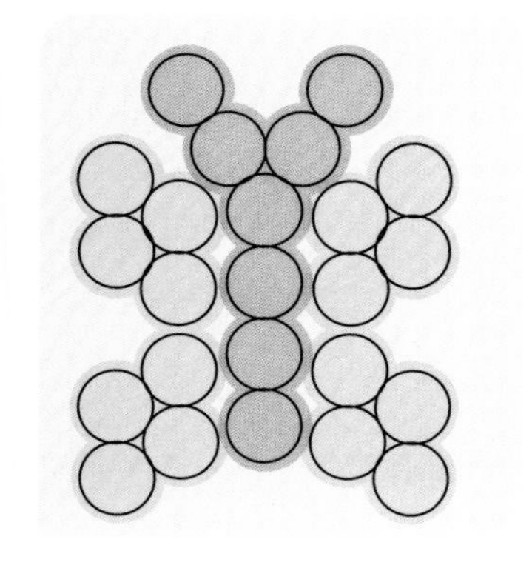

使用蛋糕预拌粉

用一盒黄蛋糕预拌粉代替黄蛋糕。按照包装盒上的说明用蛋糕预拌粉制作蛋糕。按照配方的要求涂抹糖霜和装饰。

篝火蛋糕

24个

准备时间：**2小时30分钟**

制作时间：**5小时45分钟**

蛋糕

巧克力蛋糕（第13页）

装饰

20颗红色肉桂硬糖，去掉包装

20颗黄色奶油硬糖，去掉包装

60根椒盐饼干棒，掰成两半

48颗烤过的迷你棉花糖，可选

24根牙签

棉花糖奶油霜糖霜

1罐（7盎司）棉花糖酱

1量杯黄油或人造黄油，软化

2量杯糖粉

1/8小勺凝胶状柠檬黄色食用色素

1. 按照配方的要求制作、烘焙和冷却巧克力蛋糕。

2. 在15英寸×10英寸×1英寸的烤盘中垫锡纸，在锡纸上喷洒烹饪喷雾剂。将去掉了包装的肉桂硬糖和奶油硬糖放入保鲜袋，用铁锤或者肉槌敲碎后倒入烤盘，铺成薄薄的一层。在180℃的烤箱中烘焙6～8分钟，或者烘焙至完全熔化。等它们完全冷却再进一步处理。

3. 打开装棉花糖酱的罐子的盖子和密封锡纸，用微波炉高火加热15～20分钟，使棉花糖酱软化。用厨师机中速搅打棉花糖酱和黄油，搅打至顺滑。慢慢加入糖粉，将糖霜搅打至顺滑。用柠檬黄色食用色素将糖霜染成黄色。给蛋糕涂抹糖霜。

4. 在每个蛋糕上摆放5根掰短了的椒盐饼干棒，充当篝火中的木头。将硬糖熔化并冷却而成的糖片弄成尖尖的碎片，围绕椒盐饼干棒插入蛋糕顶部充当火苗。

5. 在每根牙签的一端穿2颗烤过的棉花糖，然后将另一端插入蛋糕，一个蛋糕上插一根。

1个蛋糕：能量350千卡；总脂肪15克（饱和脂肪7克；反式脂肪1.5克）；胆固醇40毫克；钠280毫克；总碳水化合物50克（膳食纤维1克）；蛋白质2克

甜蜜小贴士

最早可以提前3个月烘焙和冷冻纸杯蛋糕，然后在需要的时候涂抹糖霜和装饰。冷冻过的纸杯蛋糕更便于涂抹糖霜。

使用蛋糕预拌粉

用一盒魔鬼蛋糕预拌粉代替巧克力蛋糕。按照包装盒上的说明用蛋糕预拌粉制作蛋糕。按照配方的要求涂抹糖霜和装饰。

奶油馅生日蛋糕

24个
准备时间：**1小时5分钟**
制作时间：**2小时5分钟**

蛋糕
黄蛋糕（第12页）
馅料和糖霜
香草奶油霜糖霜（第18页）
½量杯棉花糖酱
膏状食用色素
装饰
蜡烛
各种颜色的口香糖
彩色装饰糖

1. 按照配方的要求制作、烘焙和冷却黄蛋糕。
2. 按照配方的要求制作香草奶油霜糖霜。
3. 用木勺的圆柄末端在每个蛋糕顶部的中央挖一个直径¾英寸的坑，但是不要挖得太靠近底部（扭动勺子柄没入蛋糕，使坑足够大）。
4. 在小碗中混合½量杯糖霜和棉花糖酱。用勺子将糖霜混合物舀到小号可重复密封保鲜袋中，封好。在保鲜袋底部一角剪去一个⅜英寸的尖儿，再将这个角插入蛋糕中；挤压保鲜袋，用糖霜混合物填充蛋糕。
5. 将剩余的糖霜混合物用食用色素染成想要的颜色。将适当数量的蛋糕摆成字母或者数字。将蛋糕稍稍推拢以便给整个字母或者数字涂抹糖霜，而不是给单个蛋糕涂抹糖霜。用染过色的糖霜混合物给字母或者数字涂抹糖霜。（任何剩余的蛋糕也可以涂抹糖霜和上桌。）
6. 在字母或数字上摆放蜡烛、口香糖和装饰糖。食用蛋糕之前，从上面拿走口香糖单独享用。

1个蛋糕： 能量340千卡；总脂肪14克（饱和脂肪8克；反式脂肪0.5克）；胆固醇60毫克；钠230毫克；总碳水化合物52克（膳食纤维0克）；蛋白质3克

甜蜜小贴士

可以让过生日的孩子决定糖霜的颜色并帮忙装饰这些属于他们的特别的纸杯蛋糕。

使用蛋糕预拌粉

用一盒黄蛋糕预拌粉代替黄蛋糕。按照包装盒上的说明用蛋糕预拌粉制作蛋糕。制作馅料：在小碗中混合¾量杯打发的、可直接涂抹的香草奶油霜和½量杯棉花糖酱。按照配方的要求填入馅料。至于糖霜，用1罐（1磅）可直接涂抹的香草奶油霜代替。用食用色素将糖霜染成想要的颜色。按照配方的要求涂抹糖霜和装饰。

被雪覆盖的姜饼火车（第 196 页）

第五章

光彩夺目的节日纸杯蛋糕

含羞草新年蛋糕

28 个
准备时间：**55 分钟**
制作时间：**1 小时 50 分钟**

蛋糕
白蛋糕（第 14 页）
3/4 量杯香槟酒或者姜味汽水
1/2 量杯橙子汁
1 小勺橙子皮屑
糖霜
6 量杯糖粉
1/2 量杯黄油或人造黄油，软化
1 小勺橙子皮屑
3 大勺香槟酒或者姜味汽水
2～3 大勺橙子汁
装饰
可食用闪粉或粗粒发光白糖

1. 烤箱预热至 180℃。在 28 个常规大小的麦芬模中分别放入纸模。按照配方的要求制作白蛋糕，不同之处是：用 3/4 量杯香槟酒和 1/2 量杯橙子汁代替牛奶；混合原料时添加 1 小勺橙子皮屑。将面糊平均分到各个纸模中。按照配方的要求烘焙和冷却。
2. 同时，用厨师机中速搅打糖粉、黄油、1 小勺橙子皮屑、3 大勺香槟酒以及 2 大勺橙子汁，搅打至顺滑、细腻。如果糖霜过硬，拌入更多橙子汁，每次拌入 1 小勺。
3. 用勺子将糖霜舀到装有 5 号星形裱花嘴的裱花袋中。将糖霜挤到蛋糕上。用闪粉装饰每个蛋糕。松松盖住，放在冰箱中冷藏保存。

1个蛋糕：能量 280 千卡；总脂肪 9 克（饱和脂肪 3.5 克；反式脂肪 1 克）；胆固醇 10 毫克；钠 130 毫克；总碳水化合物 48 克（膳食纤维 0 克）；蛋白质 2 克

用一盒白蛋糕预拌粉代替白蛋糕。按照包装盒上的说明用蛋糕预拌粉制作蛋糕，不同之处是：使用 3/4 量杯香槟酒或者姜味汽水、1/2 量杯橙子汁、1/3 量杯植物油、3 个蛋白和 1 小勺橙子皮屑。烘焙 15～20 分钟，或者烘焙至将牙签插入蛋糕中心后拔出来时表面是干净的。按照配方的要求涂抹糖霜和装饰。一共制作 24 个蛋糕。

新年派对蛋糕

28 个
准备时间：**2 小时 5 分钟**
制作时间：**3 小时 15 分钟**

黄蛋糕（第 12 页）
2 量杯（12 盎司）半甜巧克力豆
2 小勺起酥油
24 个迷你冰激凌脆筒（开口处约 1 英寸宽，长约 2½ 英寸）
24 根带装饰物的牙签
香草奶油霜糖霜（第 18 页）
白色装饰糖霜

1. 按照配方的要求制作、烘焙和冷却黄蛋糕。
2. 同时，将巧克力豆和起酥油放在小号微波炉碗中，不盖盖子，用微波炉高火加热 30 秒。搅拌，继续加热 30 秒，或者加热至能够搅拌顺滑。稍稍冷却。将冰激凌脆筒浸入熔化的巧克力中，使其表面覆盖一层巧克力。刮掉多余的巧克力，将冰激凌脆筒尖端朝上放置在垫了蜡纸的盘子上，在每个脆筒的尖端插入 1 根带装饰物的牙签。给蛋糕涂抹糖霜的时候，将脆筒放入冰箱冷藏。
3. 按照配方的要求制作香草奶油霜糖霜。给蛋糕涂抹糖霜。用装饰糖霜装饰覆有巧克力的脆筒，然后在每个蛋糕上放一个。用白色装饰糖霜在脆筒的边缘添加花边，使其看起来像派对帽。

1 个蛋糕：能量 420 千卡；总脂肪 19 克（饱和脂肪 11 克；反式脂肪 0.5 克）；胆固醇 60 毫克；钠 230 毫克；总碳水化合物 61 克（膳食纤维 1 克）；蛋白质 3 克

使用蛋糕预拌粉

用一盒黄蛋糕预拌粉代替黄蛋糕。按照包装盒上的说明用蛋糕预拌粉制作蛋糕。至于糖霜，用 1 罐可直接涂抹的香草奶油霜代替。按照配方的要求涂抹糖霜和装饰。

“发自内心”蛋糕

24 个
准备时间：**1 小时**
制作时间：**2 小时**

蛋糕
巧克力蛋糕（第 13 页）
糖霜
1 量杯（6 盎司）香草味白巧克力豆
1 罐可直接涂抹的香草奶油霜
巧克力心
½ 量杯半甜巧克力豆
½ 小勺起酥油

1. 按照配方的要求制作、烘焙和冷却巧克力蛋糕。
2. 将白巧克力豆放在中号微波炉碗中，不盖盖子，用微波炉高火加热 45 秒，搅拌。如有必要，继续加热，每次加热 15 秒后搅拌，直至白巧克力豆熔化并变得顺滑。冷却 5 分钟。拌入香草奶油霜直至混合均匀。快速将糖霜涂抹或者挤到蛋糕上。
3. 在烤盘上铺蜡纸。将半甜巧克力豆和起酥油放在容量为 1 量杯的可用于微波炉的量杯里，不盖盖子，用微波炉中火加热 30 秒，搅拌。如有必要，继续加热，每次加热 10 秒后搅拌，直至巧克力豆熔化并变得顺滑。
4. 将熔化的巧克力装入小号可重复密封保鲜袋中；封好保鲜袋。在保鲜袋底部一角剪一个小口。将巧克力从保鲜袋中挤到蜡纸上，边挤边画出 24 颗空心的心。放入冰箱冷藏 10 分钟使巧克力凝固。在每个蛋糕上摆放 1 颗心加以装饰。

1个蛋糕：能量 310 千卡；总脂肪 14 克（饱和脂肪 5 克；反式脂肪 2 克）；胆固醇 20 毫克；钠 230 毫克；总碳水化合物 43 克（膳食纤维 1 克）；蛋白质 3 克

甜蜜小贴士

再来一些新花样！你可以用熔化的巧克力边挤边写出姓名的首字母或者进行独创的设计。

使用蛋糕预拌粉

用一盒魔鬼蛋糕预拌粉代替巧克力蛋糕。按照包装盒上的说明用蛋糕预拌粉制作蛋糕，然后按照配方的要求继续制作。

情人节冻糕蛋糕

24 个

准备时间：**1 小时**

制作时间：**2 小时**

蛋糕

巧克力蛋糕（第 13 页）

糖霜

松软白糖霜（第 19 页）

装饰

1 量杯（6 盎司）半甜或者牛奶巧克力豆

2 小勺起酥油

心形装饰糖

1. 按照配方的要求制作、烘焙和冷却巧克力蛋糕。

2. 按照配方的要求制作松软白糖霜。用勺子将糖霜舀到装有 7 号圆形裱花嘴的裱花袋中。在每个蛋糕顶部挤一团糖霜。

3. 将巧克力豆和起酥油放在小号微波炉碗中，不盖盖子，用微波炉高火加热 1 分钟，加热到一半的时候搅拌。将熔化的巧克力淋到涂抹了糖霜的蛋糕上。用装饰糖装饰蛋糕。

1 个蛋糕： 能量 190 千卡；总脂肪 7 克（饱和脂肪 2 克；反式脂肪 1 克）；胆固醇 20 毫克；钠 180 毫克；总碳水化合物 29 克（膳食纤维 1 克）；蛋白质 2 克

甜蜜小贴士

从烘焙用品专卖店买一些情人节装饰糖，在给蛋糕涂抹完糖霜后立刻撒上去，这样它们肯定能粘牢！

使用蛋糕预拌粉

用一盒魔鬼蛋糕预拌粉代替巧克力蛋糕。按照包装盒上的说明用蛋糕预拌粉制作蛋糕。至于糖霜，用 1 罐打发的、可直接涂抹的松软白糖霜代替。按照配方的要求涂抹糖霜和装饰。

甜言蜜语心蛋糕

24 个
准备时间：**1 小时 10 分钟**
制作时间：**2 小时 5 分钟**

巧克力蛋糕（第 13 页）
香草奶油霜糖霜（第 18 页）
红色装饰砂糖
红色装饰糖霜
情人节装饰糖

1. 按照配方的要求制作、烘焙和冷却巧克力蛋糕。
2. 按照配方的要求制作香草奶油霜糖霜。给蛋糕涂抹糖霜。
3. 将心形饼干模稍稍按入一个涂抹了糖霜的蛋糕中，取出。将饼干模在红色装饰砂糖中蘸一下，再放回蛋糕上的印痕上，这样就将红色装饰砂糖转移到蛋糕上了。重复这一操作，处理其他蛋糕。
4. 用红色装饰糖霜在一些蛋糕上的“心”里面写上想说的话，在另外一些蛋糕上撒情人节装饰糖加以装饰。

1 个蛋糕： 能量 330 千卡；总脂肪 12 克（饱和脂肪 5 克；反式脂肪 1.5 克）；胆固醇 30 毫克；钠 210 毫克；总碳水化合物 52 克（膳食纤维 1 克）；蛋白质 2 克

甜蜜小贴士

请用心形饼干模的反面蘸糖霜和红色砂糖。如果你不想在“心”里写字，可以摆放一些写有甜言蜜语的心形糖或者情人节装饰糖。

使用蛋糕预拌粉

用一盒魔鬼蛋糕预拌粉代替巧克力蛋糕。按照包装盒上的说明用蛋糕预拌粉制作蛋糕。按照配方的要求涂抹糖霜和装饰。

三叶草薄荷蛋糕

24 个
准备时间：**1 小时 10 分钟**
制作时间：**2 小时 10 分钟**

蛋糕
巧克力蛋糕（第 13 页）
¾ 量杯含酒精或不含酒精的薄荷巧克力豆
糖霜
松软白糖霜（第 19 页）
½ 小勺薄荷提取物
24 颗大号绿色橡皮糖

1. 按照配方的要求制作巧克力蛋糕，不同之处是：在面糊中拌入巧克力豆。按照配方的要求烘焙和冷却巧克力蛋糕。
2. 按照配方的要求制作松软白糖霜，不同之处是：将薄荷提取物和香草精一起拌入糖霜中，直至搅拌均匀。给蛋糕涂抹糖霜。
3. 装饰每个蛋糕：将 1 颗橡皮糖水平切成 4 片，其中 3 片摆放在蛋糕上充当三叶草的叶子，剩下的 1 片搓成细长条，放在叶子下方充当叶柄。

1 个蛋糕： 能量 260 千卡；总脂肪 7 克（饱和脂肪 2 克；反式脂肪 1 克）；胆固醇 20 毫克；钠 190 毫克；总碳水化合物 43 克（膳食纤维 1 克）；蛋白质 2 克

甜蜜小贴士

用这些纸杯蛋糕来过圣帕特里克节还不够绿？那就用绿色食用色素将糖霜染成绿色吧。

使用蛋糕预拌粉

用一盒巧克力乳脂软糖蛋糕预拌粉代替巧克力蛋糕。按照包装盒上的说明用蛋糕预拌粉制作蛋糕，不同之处是：使用 1 量杯水、½ 量杯植物油和 3 个鸡蛋；将 ¾ 量杯含酒精或不含酒精的薄荷巧克力豆和 1 大勺中筋面粉摇晃均匀后拌入面糊中。按照包装盒上的说明烘焙和冷却。至于糖霜，用 1 罐打发的、可直接涂抹的松软白糖霜与 ¼ 小勺薄荷提取物的混合物代替。按照配方的要求涂抹糖霜和装饰。

兔子蛋糕

24 个
准备时间：**1 小时 25 分钟**
制作时间：**2 小时 25 分钟**

蛋糕
黄蛋糕（第 12 页）
糖霜和装饰
香草奶油霜糖霜（第 18 页）
红色食用色素
1 罐可直接涂抹的松软白糖霜
5 颗大号棉花糖
粉色装饰砂糖
装饰糖，可选

1. 按照配方的要求制作、烘焙和冷却黄蛋糕。
2. 按照配方的要求制作香草奶油霜糖霜。拌入红色食用色素，将糖霜染成粉色。给蛋糕涂抹粉色糖霜。舀满满 1 小勺松软白糖霜放到每个蛋糕顶部的中央。
3. 制作兔耳朵时，用厨房剪刀将每颗大号棉花糖水平剪成 5 片；用剪刀从每片棉花糖的一边开始剪，穿过中心，一直剪到距另一边的边缘 1/4 英寸的位置；将剪开的部分分开一些，使其看起来像兔子的耳朵；将不太平整的一面按入粉色装饰砂糖中，稍稍压平，然后插在松软白糖霜上。用装饰糖制作兔子的眼睛、鼻子和胡须。

1 个涂抹了糖霜的蛋糕（未装饰）： 能量 250 千卡；总脂肪 12 克（饱和脂肪 6 克；反式脂肪 1.5 克）；胆固醇 45 毫克；钠 210 毫克；总碳水化合物 31 克（膳食纤维 0 克）；蛋白质 2 克

使用蛋糕预拌粉

用一盒黄蛋糕预拌粉代替黄蛋糕。按照包装盒上的说明用蛋糕预拌粉制作蛋糕。按照配方的要求涂抹糖霜和装饰。

羔羊蛋糕

24 个
准备时间：**1 小时 30 分钟**
制作时间：**2 小时 30 分钟**

蛋糕
黄蛋糕（第 12 页）
糖霜
松软白糖霜（第 19 页）
装饰
24 颗蜡笔色薄荷糖
48 颗棕色迷你糖衣巧克力豆
12 颗大号棉花糖，斜切成两半
2 量杯迷你棉花糖，水平切成两半

1. 按照配方的要求制作、烘焙和冷却黄蛋糕。
2. 同时，按照配方的要求制作松软白糖霜。给蛋糕涂抹糖霜。
3. 用 1 颗薄荷糖充当每只羔羊的口鼻部，用 2 颗棕色巧克力豆充当每只羔羊的眼睛。
4. 把切成两半的大号棉花糖切面朝上放在糖霜上充当每只羔羊的耳朵。将切过的迷你棉花糖摆放在羔羊的脸上充当羊毛。

1 个涂抹了糖霜的蛋糕（未装饰）： 能量 240 千卡；总脂肪 9 克（饱和脂肪 5 克；反式脂肪 0 克）；胆固醇 50 毫克；钠 210 毫克；总碳水化合物 37 克（膳食纤维 0 克）；蛋白质 3 克

甜蜜小贴士

要想让这些纸杯蛋糕更加别具一格，你可以用从杂货店或者蛋糕装饰用品专卖店中买的装饰性纸模来制作。

使用蛋糕预拌粉

用一盒黄蛋糕预拌粉代替黄蛋糕。按照包装盒上的说明用蛋糕预拌粉制作蛋糕。至于糖霜，用 1 罐可直接涂抹的香草奶油霜代替。按照配方的要求涂抹糖霜和装饰。

复活节篮子蛋糕

24 个
准备时间：**1 小时 10 分钟**
制作时间：**2 小时 10 分钟**

蛋糕
黄蛋糕（第 12 页）
糖霜
松软白糖霜（第 19 页）
装饰
分成 24 条的绿色酸糖
软心豆粒糖和其他喜欢的糖

1. 按照配方的要求制作、烘焙和冷却黄蛋糕。
2. 按照配方的要求制作松软白糖霜。给蛋糕涂抹糖霜。
3. 将条状酸糖的两端插入蛋糕中，充当篮子的提手。用软心豆粒糖和其他糖装饰。

1 个涂抹了糖霜的蛋糕（未装饰）： 能量 200 千卡；总脂肪 9 克（饱和脂肪 5 克；反式脂肪 0 克）；胆固醇 45 毫克；钠 200 毫克；总碳水化合物 27 克（膳食纤维 0 克）；蛋白质 2 克

甜蜜小贴士

要想让所有篮子的提手高度保持一致，可以用第一个篮子的提手作为参照，来确定其他篮子提手的长度。

使用蛋糕预拌粉

用一盒黄蛋糕预拌粉代替黄蛋糕。按照包装盒上的说明用蛋糕预拌粉制作蛋糕。至于糖霜，用 1 罐打发的、可直接涂抹的松软白糖霜代替。按照配方的要求涂抹糖霜和装饰。

五一花篮蛋糕

24 个

准备时间：**1 小时 5 分钟**

制作时间：**2 小时 5 分钟**

蛋糕

黄蛋糕（第 12 页）

糖霜

香草奶油霜糖霜（第 18 页）

装饰

红色和蓝色的浆果味麻花状甘草糖

各种小粒糖或者软心豆粒糖

1. 按照配方的要求制作、烘焙和冷却黄蛋糕。

2. 按照配方的要求制作香草奶油霜糖霜。给蛋糕涂抹糖霜。

3. 将甘草糖的两端插入蛋糕中，充当篮子的提手。用各种糖装饰蛋糕。

1 个涂抹了糖霜的蛋糕（未装饰）： 能量 340 千卡；总脂肪 14 克（饱和脂肪 8 克；反式脂肪 0.5 克）；胆固醇 60 毫克；钠 230 毫克；总碳水化合物 50 克（膳食纤维 0 克）；蛋白质 2 克

甜蜜小贴士

重拾儿童时代送五一花篮的传统吧！为什么不做些花篮蛋糕送给你的邻居和朋友们呢？

使用蛋糕预拌粉

用一盒黄蛋糕预拌粉代替黄蛋糕。按照包装盒上的说明用蛋糕预拌粉制作蛋糕。至于糖霜，用 1 罐任意口味的可直接涂抹的奶油霜代替。按照配方的要求涂抹糖霜和装饰。

黑巧克力碎马斯卡彭蛋糕

27 个
准备时间：**50 分钟**
制作时间：**1 小时 50 分钟**

蛋糕
巧克力蛋糕（第 13 页）
½ 量杯马斯卡彭奶酪
¾ 量杯黑巧克力豆，粗略切碎

装饰
2 块（每块 3 盎司）奶油奶酪，软化
¼ 量杯马斯卡彭奶酪
¼ 量杯糖粉
4 小勺玛莎拉酒或者黑朗姆酒
1⅓ 量杯淡奶油
2 小勺半甜巧克力碎

1. 按照配方的要求制作巧克力蛋糕，不同之处是：在添加香草精时一起加入 ½ 量杯马斯卡彭奶酪；将切碎的巧克力豆拌入面糊中。按照配方的要求烘焙和冷却。
2. 用厨师机中速搅打奶油奶酪和 ¼ 量杯马斯卡彭奶酪，搅打至顺滑、细腻。打入糖粉和酒。
3. 在中碗中搅打淡奶油，搅打至硬性发泡。将打发的奶油与奶油奶酪混合物翻拌均匀。将做好的糖霜涂抹到蛋糕上，每个蛋糕上涂抹满满 2 大勺。撒上巧克力碎。

1 个蛋糕： 能量 250 千卡；总脂肪 16 克（饱和脂肪 7 克；反式脂肪 1 克）；胆固醇 45 毫克；钠 180 毫克；总碳水化合物 24 克（膳食纤维 1 克）；蛋白质 2 克

甜蜜小贴士

可以将这些纸杯蛋糕放在装饰性纸杯蛋糕架上，当作母亲节特别的早午餐享用哦。

使用蛋糕预拌粉

用一盒魔鬼蛋糕预拌粉代替巧克力蛋糕。按照包装盒上的说明用蛋糕预拌粉制作蛋糕，不同之处是：使用 ¾ 量杯水、½ 量杯马斯卡彭奶酪、⅓ 量杯植物油和 3 个鸡蛋；将 ¾ 量杯切碎的黑巧克力豆跟 1 大勺中筋面粉摇晃均匀后拌入面糊中。按照包装盒上的说明烘焙和冷却。按照配方的要求涂抹糖霜和装饰。

一杆进洞父亲节蛋糕

24 个
准备时间：**1 小时**
制作时间：**1 小时 45 分钟**

巧克力蛋糕（第 13 页）
香草奶油霜糖霜（第 18 页）
3 块方形全麦饼干，压碎
约 1/3 量杯绿色装饰糖
2 根彩色吸管
彩纸
胶带
24 颗白色口香糖或者其他圆形白色糖

1. 按照配方的要求制作、烘焙和冷却巧克力蛋糕。
2. 按照配方的要求制作香草奶油霜糖霜。给蛋糕涂抹糖霜。
3. 在蛋糕顶部一半的区域撒约 1/2 小勺全麦饼干碎充当沙子；在另一半区域撒 1/2 小勺绿色装饰糖充当绿草。
4. 用剪刀将吸管剪成 3 1/2 英寸长的小段。将彩纸剪成旗子，如果愿意，可以在每面旗子上写一个数字。用胶带将旗子粘贴在吸管的一端，每根吸管上粘一面。将吸管插入蛋糕。在每个蛋糕上轻轻按入一颗口香糖。

1 个蛋糕： 能量 360 千卡；总脂肪 15 克（饱和脂肪 9 克；反式脂肪 0.5 克）；胆固醇 60 毫克；钠 230 毫克；总碳水化合物 55 克（膳食纤维 0 克）；蛋白质 2 克

甜蜜小贴士

可以在举办父亲节派对时，在一个大餐盘上铺绿色的复活节草或者染成绿色的椰丝，然后将这款纸杯蛋糕摆在上面。

使用蛋糕预拌粉

用一盒魔鬼蛋糕预拌粉代替巧克力蛋糕。按照包装盒上的说明用蛋糕预拌粉制作蛋糕。至于糖霜，用 1 罐可直接涂抹的香草奶油霜代替。按照配方的要求涂抹糖霜和装饰。

烟火蛋糕塔

18 个
准备时间：**1 小时 15 分钟**
制作时间：**2 小时 35 分钟**

黄蛋糕（第 12 页）
香草奶油霜糖霜（第 18 页）
红色和蓝色的膏状食用色素
装饰糖，可选

1. 按照配方的要求制作黄蛋糕，不同之处是：在 18 个常规大小的麦芬模中放入纸模，在 18 个迷你麦芬模中放入迷你纸模。将面糊舀到各个纸模中，每个纸模中的面糊大约占纸模容量的 ²⁄₃。
2. 常规大小的蛋糕烘焙 18～25 分钟，迷你蛋糕烘焙 12～20 分钟，或者烘焙至将牙签插入蛋糕中心后拔出来时表面是干净的。让蛋糕在模具中冷却 5 分钟。从模具中取出蛋糕，放在冷却架上冷却。
3. 同时，按照配方的要求制作香草奶油霜糖霜。在装有 22 号圆形裱花嘴的裱花袋中装入 1½ 量杯糖霜。在每个蛋糕（常规大小的和迷你的）顶部涂抹略少于 1 大勺的糖霜。将剩下的糖霜平均分到两个碗中；将一个碗中的糖霜染成红色，将另一个碗中的糖霜染成蓝色。
4. 如果愿意，可以去掉迷你蛋糕的纸模。在每个常规大小的蛋糕上面放一个迷你蛋糕。围绕迷你蛋糕的底部（在常规大小的蛋糕上面）和顶部挤红色和蓝色的糖霜，制作出不同长度的彩色光芒。用剩余的白色糖霜在红色和蓝色光芒之间添加白色光芒。如果愿意，用装饰糖装饰蛋糕。

1 个涂抹了糖霜的蛋糕塔（未装饰）：能量 450 千卡；总脂肪 18 克（饱和脂肪 11 克；反式脂肪 0.5 克）；胆固醇 80 毫克；钠 310 毫克；总碳水化合物 67 克（膳食纤维 0 克）；蛋白质 3 克

使用蛋糕预拌粉

用一盒黄蛋糕预拌粉代替黄蛋糕。按照包装盒上的说明用蛋糕预拌粉制作蛋糕，不同之处是：在 18 个常规大小的麦芬模中放入纸模，在 18 个迷你麦芬模中放入迷你纸模。将面糊平均分到各个纸模中。按照包装盒上的说明烘焙常规大小的蛋糕；迷你蛋糕烘焙 10～15 分钟。按照包装盒上的说明冷却蛋糕。按照配方的要求涂抹糖霜和装饰。

甜蜜小贴士

你可以用这款纸杯蛋糕作为派对餐桌上的中心摆饰。为了搭配和谐，还可以使用相同颜色的盘子、餐巾和派对装饰。

星条旗蛋糕

24 个
准备时间：**55 分钟**
制作时间：**1 小时 50 分钟**

蛋糕
白蛋糕（第 14 页）
½ 小勺杏仁提取物
1 罐（10 盎司）马拉斯加酒渍樱桃（约 38 颗），沥干，切碎，擦干
糖胶
3 量杯糖粉
3～4 大勺水
2 大勺浅色玉米糖浆
½ 小勺杏仁提取物
装饰
24 颗蓝色星形糖
红色装饰糖霜

1. 按照配方的要求制作白蛋糕，不同之处是：拌入 ½ 小勺杏仁提取物和樱桃碎。按照配方的要求烘焙和冷却白蛋糕。
2. 用厨师机中速搅打制作糖胶的原料，搅打至顺滑。用勺子舀到蛋糕上，用勺背抹开。静置 10 分钟。
3. 制作星条旗：在每个蛋糕上放 1 颗星形糖；用裱花笔将红色装饰糖霜挤在每个蛋糕上，挤成波浪形条纹。

1 个蛋糕： 能量 250 千卡；总脂肪 7 克（饱和脂肪 2 克；反式脂肪 1 克）；胆固醇 0 毫克；钠 130 毫克；总碳水化合物 45 克（膳食纤维 0 克）；蛋白质 2 克

甜蜜小贴士

制作糖胶的时候，先使用 3 大勺水。如果糖胶太黏稠，可以加水，每次加 1 小勺，直到糖胶的黏稠度合适。

使用蛋糕预拌粉

用一盒白蛋糕预拌粉代替白蛋糕。按照包装盒上的说明用蛋糕预拌粉制作蛋糕，不同之处是：使用 ½ 量杯酸奶油、½ 量杯植物油、½ 小勺杏仁提取物和 3 个鸡蛋；拌入 1 罐（10 盎司）沥干、切碎并擦干的酒渍樱桃（约 38 颗）。烘焙 18～22 分钟，或者烘焙至将牙签插入蛋糕中心后拔出来时表面是干净的。按照配方的要求涂抹糖胶和装饰。

绒毛怪蛋糕

24 个
准备时间：**50 分钟**
制作时间：**1 小时 50 分钟**

蛋糕
巧克力蛋糕（第 13 页）
糖霜和装饰
1 罐（6.4 盎司）红色装饰糖霜
1 罐（6.4 盎司）粉色装饰糖霜
情人节心形装饰糖

使用蛋糕预拌粉

用一盒魔鬼蛋糕预拌粉代替巧克力蛋糕。按照包装盒上的说明用蛋糕预拌粉制作蛋糕。按照配方的要求涂抹糖霜和装饰。

1. 按照配方的要求制作、烘焙和冷却白蛋糕。
2. 拿掉纸杯蛋糕上的纸模；将蛋糕上下颠倒放置在方形蜡纸上。用星形裱花嘴将两种颜色的装饰糖霜交替挤在每个蛋糕上，始于蛋糕顶部，终于蛋糕底部，使装饰糖霜排成一列一列的，直到整个蛋糕都被装饰糖霜覆盖。
3. 用情人节心形装饰糖充当眼睛和嘴。捏住蜡纸将蛋糕提起来放到餐盘里。

1 个涂抹了糖霜的蛋糕（未装饰）：能量 230 千卡；总脂肪 10 克（饱和脂肪 4 克；反式脂肪 1 克）；胆固醇 20 毫克；钠 180 毫克；总碳水化合物 33 克（膳食纤维 1 克）；蛋白质 2 克

甜蜜小贴士

让孩子们自己创造怪物吧。准备好各种各样的情人节装饰品，开始玩吧！

幽灵甜筒蛋糕

12 个
准备时间：**1 小时**
制作时间：**1 小时 35 分钟**

蛋糕
巧克力蛋糕（第 13 页）
12 个平底冰激凌脆筒
翻糖
2 量杯糖粉
1 罐（7 盎司）棉花糖酱
装饰
36 颗迷你半甜巧克力豆

甜蜜小贴士

如果翻糖裂开了，把它捏拢就行。

使用蛋糕预拌粉

用一盒魔鬼蛋糕预拌粉代替巧克力蛋糕。按照包装盒上的说明用蛋糕预拌粉制作蛋糕。在每个冰激凌脆筒中放入 2 大勺面糊；剩下的面糊放在一旁备用。将冰激凌脆筒竖直放在麦芬模中。烘焙 15 ~ 20 分钟，或者烘焙至将牙签插入蛋糕中心后拔出来时表面是干净的。完全冷却，大约需要 30 分钟。在 18 个常规大小的麦芬模中放入纸模。将剩下的面糊平均分到各个纸模中，每个纸模中的面糊大约占纸模容量的 ⅔。按照包装盒上的说明烘焙和冷却。将这些蛋糕储存起来，下次再用。制作翻糖，并按照配方的要求装饰。一共制作 12 个幽灵甜筒蛋糕和 18 个多余的蛋糕。

1. 烤箱预热至 180℃。按照配方的要求制作巧克力蛋糕的面糊。在每个冰激凌脆筒里放入略少于 ¼ 量杯的面糊。剩下的面糊放在一旁备用。将冰激凌脆筒竖直放在麦芬模中。烘焙 15 ~ 20 分钟，或者烘焙至将牙签插入蛋糕中心后拔出来时表面是干净的。完全冷却，大约需要 30 分钟。
2. 在 12 个常规大小的麦芬模中放入纸模。将剩下的面糊平均分到各个纸模中，每个纸模中的面糊大约占纸模容量的 ⅔。按照配方的要求烘焙和冷却。将这些蛋糕储存起来，下次再用。
3. 在中碗中放 1½ 量杯糖粉；加入棉花糖酱；搅拌；将混合物往碗壁上按压，直至其成为一团。将翻糖放在操作台上一边揉，一边慢慢加入剩下的 ½ 量杯糖粉，直至翻糖变光滑。
4. 在餐盘上喷少许烹饪喷雾剂，以防蛋糕粘在餐盘上。按照下一页的说明将翻糖做成幽灵的样子。在幽灵的脸上放 2 颗迷你巧克力豆充当眼睛，再放 1 颗充当嘴（如有必要，用一点儿水将翻糖弄湿，使巧克力豆粘牢）。重复这一步骤，用剩下的甜筒蛋糕、翻糖和巧克力豆制作幽灵甜筒蛋糕。

1 个蛋糕筒：能量 310 千卡；总脂肪 8 克（饱和脂肪 2 克；反式脂肪 1 克）；胆固醇 20 毫克；钠 190 毫克；总碳水化合物 58 克（膳食纤维 1 克）；蛋白质 2 克

制作幽灵

1. 在操作台上撒大量糖粉，手上也蘸大量糖粉。在操作台上将翻糖整成 12 个小球（每个小球的直径为 $1\frac{1}{2}$ 英寸）。

2. 将每个小球擀成直径为 $5\frac{1}{2}$ 英寸的圆形。

3. 将一个甜筒蛋糕上下颠倒放置，将一块圆形翻糖覆盖在上面，捏出褶皱，做成幽灵的样子。

骷髅蛋糕

24 个
准备时间：**1 小时**
制作时间：**2 小时 15 分钟**

巧克力蛋糕（第 13 页）
奶油巧克力糖霜（第 18 页）
24 块覆有酸奶或者白巧克力的椒盐卷饼
白色装饰糖霜

1. 按照配方的要求制作、烘焙和冷却巧克力蛋糕。
2. 按照配方的要求制作奶油巧克力糖霜。给蛋糕涂抹糖霜。
3. 在每个蛋糕的顶部中央放 1 块椒盐卷饼充当骷髅的躯干。用装饰糖霜画出骷髅的头部、双手、双腿和双脚并填充头部。制作眼眶和口腔：将牙签插入头部的白色装饰糖霜，按小圆形轨迹转动牙签，推开装饰糖霜，使巧克力糖霜露出来。

1 个蛋糕： 能量 280 千卡；总脂肪 14 克（饱和脂肪 8 克；反式脂肪 0 克）；胆固醇 60 毫克；钠 220 毫克；总碳水化合物 38 克（膳食纤维 0 克）；蛋白质 2 克

甜蜜小贴士

没有覆有酸奶或者白巧克力的椒盐卷饼？将椒盐卷饼浸入熔化的白巧克力中就行了。

使用蛋糕预拌粉

用一盒魔鬼蛋糕预拌粉代替巧克力蛋糕。按照包装盒上的说明用蛋糕预拌粉制作蛋糕。至于糖霜，用 1 罐可直接涂抹的巧克力奶油霜代替。按照配方的要求涂抹糖霜和装饰。

女巫帽蛋糕

24 个
准备时间：**1 小时**
制作时间：**2 小时 40 分钟**

蛋糕
黄蛋糕（第 12 页）
糖霜
2 份香草奶油霜糖霜（第 18 页）
橙色膏状食用色素
装饰
24 块乳脂软糖条纹酥饼
24 颗耐嚼巧克力糖，去掉包装
星形装饰糖，可选

1. 按照配方的要求制作、烘焙和冷却黄蛋糕。
2. 按照配方的要求制作香草奶油霜糖霜。将糖霜用橙色膏状食用色素染成想要的橙色。在小号可重复密封保鲜袋中放 ½ 量杯橙色糖霜，封好袋口，放在一旁备用。用剩下的橙色糖霜涂抹蛋糕。
3. 在每个蛋糕上放 1 块酥饼，有条纹的一面朝下。将耐嚼巧克力糖揉成筒状充当帽顶，按压在酥饼上。
4. 从装糖霜的保鲜袋的底部一角剪去一个 ⅛ 英寸的尖儿。围绕耐嚼巧克力糖的底部挤一圈糖霜充当饰带。如果喜欢，用星形装饰糖装饰帽子。

1 个蛋糕：能量 590 千卡；总脂肪 22 克（饱和脂肪 13 克；反式脂肪 1.5 克）；胆固醇 75 毫克；钠 310 毫克；总碳水化合物 93 克（膳食纤维 0 克）；蛋白质 3 克

女巫脑袋蛋糕：制作 2 份香草奶油霜糖霜；将糖霜染成想要的浅橙色。在小号可重复密封保鲜袋中放 ½ 量杯糖霜，封好袋口，放在一旁备用。不要给蛋糕涂抹糖霜。用冰激凌勺舀大约 ¼ 量杯糖霜到每个蛋糕上。（如果糖霜太软，难以保持形状，就拌入更多的糖粉。）将线形甘草糖轻轻按入糖霜中制作头发，将各种各样的小糖果轻轻按入糖霜中制作脸部。按照上面的步骤制作帽子，并将其摆放在甘草糖做的头发上面。

使用蛋糕预拌粉

用一盒黄蛋糕预拌粉代替黄蛋糕。按照包装盒上的说明用蛋糕预拌粉制作蛋糕，然后按照配方的要求继续制作。

令人难忘的万圣节蛋糕

过万圣节的时候，我们会用好吃到让大大小小的妖魔鬼怪开心吼叫的食物招待它们。从第一章中选一款你喜欢的纸杯蛋糕制作出来，同时制作好第 18 页的香草奶油霜糖霜，用来涂抹除了黑猫蛋糕之外的蛋糕——黑猫蛋糕用第 18 页的奶油巧克力糖霜涂抹。给蛋糕涂抹糖霜并装饰它们，创作属于你自己的万圣节纸杯蛋糕吧。

亮闪闪南瓜蛋糕

用橙色膏状食用色素将糖霜染成橙色。预留 3/4 量杯橙色糖霜。将剩下的橙色糖霜涂抹在蛋糕上；撒上橙色装饰砂糖。用掰断的椒盐卷饼充当南瓜的柄。用装有 4 号圆形裱花嘴的裱花袋将预留的橙色糖霜挤在南瓜上，挤成一条一条的。将叶子形橡皮糖水平切成片，充当叶柄上的叶子。用圆形裱花嘴将买来的绿色糖霜挤在蛋糕上制作瓜藤。

南瓜地墓园蛋糕

制作 2 份糖霜；用绿色膏状食用色素将 4½ 量杯糖霜染成绿色。将剩下的糖霜涂抹在蛋糕上。在蛋糕顶部中央撒上压碎的巧克力威化饼干充当泥土。将买来的黑色糖霜挤在花生酱夹心饼干上，用来充当墓碑。用装有 22 号裱花嘴的裱花袋将预留的绿色糖霜挤在蛋糕上充当青草。

游荡幽灵蛋糕

预留 1/4 量杯糖霜；用橙色膏状食用色素将剩下的糖霜染成橙色；在蛋糕上涂抹橙色糖霜。制作幽灵：将两颗小号橡皮糖堆在蛋糕上，用一点儿预留的糖霜将它们粘牢。用擀面杖将大号白色橡皮糖擀平，盖住堆在蛋糕上的橡皮糖。在塑料棒的一端按入一颗玉米糖充当火把。用买来的黑色糖霜制作幽灵的脸，并且装上圆形裱花嘴在蛋糕上写字。

黑猫蛋糕

用巧克力装饰糖快速装饰涂抹了巧克力糖霜的蛋糕的顶部。将糖衣巧克力豆按入糖霜充当眼睛。再用 3 号裱花嘴将少许黑色糖霜挤在眼睛上，要挤成狭长的条状。用玉米糖充当耳朵，用橡皮糖充当鼻子，用红色和黑色的线形甘草糖充当嘴和胡须。

迷你南瓜蛋糕

72 个

准备时间：**1 小时 25 分钟**

制作时间：**2 小时 15 分钟**

蛋糕

白蛋糕（第 14 页）

2 小勺橙子皮屑

6～8 滴红色食用色素

6～8 滴黄色食用色素

糖霜

香草奶油霜糖霜（第 18 页）

8 滴红色食用色素

10 滴黄色食用色素

装饰

5 管（每管 0.68 盎司）黑色装饰凝胶

5 卷果汁卷糖（任意一种绿色的），或者绿色的迷你糖

1. 按照配方的要求制作、烘焙和冷却迷你白蛋糕，不同之处是：拌入橙子皮屑、6～8 滴红色食用色素和黄色食用色素，直至获得想要的橙色。按照配方的要求烘焙和冷却蛋糕。

2. 按照配方的要求制作香草奶油霜糖霜。拌入 8 滴红色食用色素和 10 滴黄色食用色素，以得到橙色糖霜。给迷你蛋糕涂抹糖霜。

3. 用黑色装饰凝胶在每个蛋糕上画 2 个三角形充当南瓜的眼睛，再画 1 个圆充当嘴。将果汁卷糖切成 72 片（每片 1 英寸长），将每一片都紧紧卷起来放在每个南瓜上充当柄。

1 个蛋糕：能量 110 千卡；总脂肪 4 克（饱和脂肪 1.5 克；反式脂肪 0 克）；胆固醇 0 毫克；钠 55 毫克；总碳水化合物 19 克（膳食纤维 0 克）；蛋白质 1 克

甜蜜小贴士

要想获得更加逼真的南瓜的颜色，可以用膏状食用色素代替糖霜中的液状食用色素。

使用蛋糕预拌粉

用一盒白蛋糕预拌粉代替白蛋糕。在 48 个迷你麦芬模中分别放入迷你纸模。按照包装盒上的说明用蛋糕预拌粉制作蛋糕，不同之处是：添加 2 小勺橙子皮屑、6 滴红色食用色素和 8 滴黄色食用色素。将面糊平均分到各个纸模中，每个纸模中装平平的 1 大勺。烘焙 14～18 分钟，或者烘焙至将牙签插入蛋糕中心后拔出来时表面是干净的。让蛋糕在模具中冷却 5 分钟。从模具中取出蛋糕，放在冷却架上冷却。至于糖霜，用 1 罐可直接涂抹的香草奶油霜与 6 滴红色食用色素和 8 滴黄色食用色素的混合物来代替。给蛋糕涂抹糖霜。按照配方的要求，用 3 管装饰凝胶和 3 卷果汁卷糖装饰蛋糕。

感恩节火鸡蛋糕

24 个
准备时间：**1 小时 10 分钟**
制作时间：**2 小时 10 分钟**

蛋糕
黄蛋糕（第 12 页）
3/4 量杯奶油花生酱
糖霜
奶油巧克力糖霜（第 18 页）
装饰
4 盎司香草味杏仁膏
4 盎司半甜巧克力
24 颗好时之吻牛奶巧克力，去掉包装

1. 按照配方的要求制作黄蛋糕，不同之处是：将黄油的用量减至 3/4 量杯；在添加香草精时拌入花生酱。按照配方的要求烘焙和冷却蛋糕。
2. 按照配方的要求制作香草奶油霜糖霜。给蛋糕涂抹糖霜。
3. 在烤盘上铺蜡纸。将杏仁膏和巧克力分别放在两个小号微波炉碗里，不盖盖子，用微波炉高火加热 30 ~ 60 秒，每隔 15 秒搅拌一下，直至它们熔化并变得顺滑。将杏仁膏和巧克力分别装入可重复密封保鲜袋；从每个保鲜袋的底部一角剪去一个小尖儿。如左图所示，从保鲜袋中挤出杏仁膏和巧克力，画出羽毛的图案，使其大约长 3 英寸、宽 2½ 英寸。将挤好的羽毛放入冰箱冷藏 5 分钟，直至凝固。
4. 将凝固的羽毛从蜡纸上剥下来，分别插入蛋糕。在每个蛋糕上摆放一颗牛奶巧克力充当火鸡的头。

1 个蛋糕： 能量 400 千卡；总脂肪 21 克（饱和脂肪 11 克；反式脂肪 0 克）；胆固醇 55 毫克；钠 250 毫克；总碳水化合物 46 克（膳食纤维 2 克）；蛋白质 6 克

使用蛋糕预拌粉

用一盒黄蛋糕预拌粉代替黄蛋糕。按照包装盒上的说明用蛋糕预拌粉制作蛋糕，不同之处是：在添加鸡蛋时加入 3/4 量杯奶油花生酱。至于糖霜，用 1 罐可直接涂抹的巧克力奶油霜代替。按照配方的要求涂抹糖霜和装饰。

修殿节陀螺蛋糕

24 个
准备时间：**55 分钟**
制作时间：**1 小时 50 分钟**

白蛋糕（第 14 页）
1 量杯牛奶
1 罐（6 盎司）法式香草低脂酸奶
香草奶油霜糖霜（第 18 页）
蓝色装饰砂糖
24 块焦糖，去掉包装
12 根椒盐饼干棒，切成两半
24 块好时之吻牛奶白巧克力，去掉包装
蓝色装饰糖霜

1. 按照配方的要求制作白蛋糕，不同之处是：用 1 量杯牛奶和 1 罐酸奶代替 $1\frac{1}{4}$ 量杯牛奶。将面糊平均分到各个纸模中，每个纸模中的面糊大约占纸模容量的 $\frac{2}{3}$。

2. 烘焙 18～20 分钟，或者烘焙至将牙签插入蛋糕中心后拔出来时表面是干净的。让蛋糕在模具中冷却 5 分钟。从模具中取出蛋糕，放在冷却架上冷却。

3. 按照配方的要求制作香草奶油霜糖霜。预留 1 大勺糖霜用来装饰蛋糕。将剩余的糖霜涂抹在蛋糕上。撒上蓝色装饰砂糖。

4. 在小号微波炉碗中放入 6 块焦糖，不盖盖子，用微波炉高火加热 5～10 秒，或者加热至稍稍软化。在每块稍稍软化的焦糖上插入半根椒盐饼干棒充当修殿节陀螺的上半部分。用同样的方法处理剩下的焦糖和椒盐饼干棒。用一点儿预留的糖霜在每块焦糖的底部粘一块牛奶白巧克力。

5. 用蓝色装饰糖霜装饰陀螺的三个侧面。在每个涂抹了糖霜的蛋糕上摆放 1 个陀螺。

1 个蛋糕： 能量 350 千卡；总脂肪 12 克（饱和脂肪 5 克；反式脂肪 1.5 克）；胆固醇 15 毫克；钠 170 毫克；总碳水化合物 57 克（膳食纤维 0 克）；蛋白质 3 克

使用蛋糕预拌粉

用一盒白蛋糕预拌粉代替白蛋糕。按照包装盒上的说明用蛋糕预拌粉制作蛋糕，不同之处是：使用 1 量杯水、1 罐（6 盎司）法式香草低脂酸奶、$\frac{1}{3}$ 量杯植物油和 3 个蛋白。按照包装盒上的说明烘焙和冷却。至于糖霜，用 1 罐可直接涂抹的香草奶油霜代替。按照配方的要求涂抹糖霜和装饰。

薄荷旋涡蛋糕

24 个

准备时间：**55 分钟**

制作时间：**1 小时 50 分钟**

蛋糕

白蛋糕（第 14 页）

¼ 小勺薄荷提取物

红色膏状食用色素

薄荷糖霜

5 量杯糖粉

½ 量杯黄油或人造黄油，软化

1 小勺薄荷提取物

6 ~ 8 大勺牛奶

装饰

红色液状食用色素

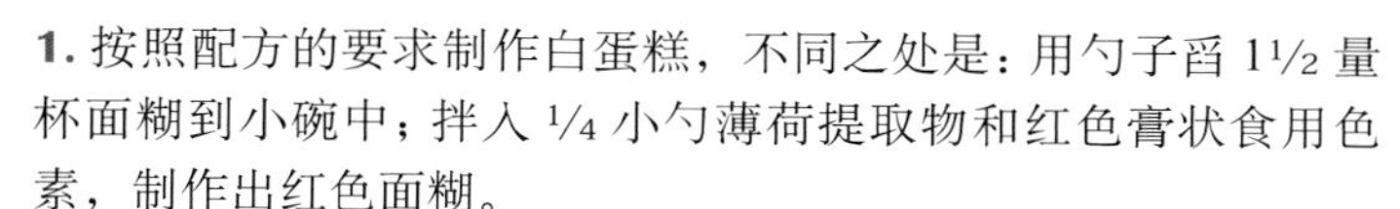

1. 按照配方的要求制作白蛋糕，不同之处是：用勺子舀 1½ 量杯面糊到小碗中；拌入 ¼ 小勺薄荷提取物和红色膏状食用色素，制作出红色面糊。

2. 用勺子舀 1 大勺白色蛋糕面糊到每个麦芬模中。在白色面糊上放 1 大勺红色面糊，再在红色面糊上放 1 大勺白色面糊。用餐刀在每个麦芬模中的面糊上画一个 S，使面糊呈旋涡状。

3. 烘焙 18 ~ 20 分钟，或者烘焙至将牙签插入蛋糕中心后拔出来时表面是干净的。让蛋糕在模具中冷却 5 分钟。从模具中取出蛋糕，放在冷却架上冷却。

4. 同时，用厨师机中速搅打糖粉、黄油、1 小勺薄荷提取物和 6 大勺牛奶，搅打至顺滑。如有必要，加入更多牛奶，每次加入 1 小勺，直至糖霜变得顺滑、可涂抹。在每个蛋糕上涂抹略少于 2 大勺的糖霜。

5. 用小毛笔将红色液状食用色素涂在每个蛋糕的糖霜上，涂成旋涡状。

1 个蛋糕： 能量 310 千卡；总脂肪 11 克（饱和脂肪 4.5 克；反式脂肪 1.5 克）；胆固醇 10 毫克；钠 160 毫克；总碳水化合物 51 克（膳食纤维 0 克）；蛋白质 3 克

甜蜜小贴士

若想简单装饰一下这些蛋糕，可以在其顶部撒一些压碎的薄荷糖。

圣诞花蛋糕

24 个
准备时间：**3 小时 45 分钟**
制作时间：**4 小时 40 分钟**

黄蛋糕（第 12 页）
装饰糖霜（第 19 页）
60 颗红色耐嚼糖（长 1 英寸）
绿色和黄色装饰糖霜

1. 按照配方的要求制作、烘焙和冷却黄蛋糕。
2. 按照配方的要求制作装饰糖霜。给蛋糕涂抹糖霜。
3. 在小号微波炉碗中放 2 颗耐嚼糖，不盖盖子，用微波炉高火加热 10～15 秒，或者加热至可塑形。按照下一页的说明制作花瓣。用同样的方法处理剩下的耐嚼糖。
4. 在每个蛋糕上摆放 5 瓣花瓣，摆成一朵圣诞花的样子。用叶形裱花嘴在花瓣间挤一些绿色装饰糖霜充当叶子。用圆形裱花嘴在花瓣中央挤几小团黄色装饰糖霜充当花蕊。拿 12 个蛋糕在餐盘上摆成一圈，摆成花环的样子。将其余的蛋糕放在另一个餐盘上供大家食用。

1个蛋糕： 能量 300 千卡；总脂肪 15 克（饱和脂肪 8 克；反式脂肪 1 克）；胆固醇 60 毫克；钠 230 毫克；总碳水化合物 40 克（膳食纤维 0 克）；蛋白质 2 克

甜蜜小贴士

花瓣最多可以提前一周做好，用蜡纸分层隔开放在密封容器中，在室温下保存。

使用蛋糕预拌粉

用一盒黄蛋糕预拌粉代替黄蛋糕。按照包装盒上的说明用蛋糕预拌粉制作蛋糕。至于糖霜，用 1 罐可直接涂抹的香草奶油霜代替。按照配方的要求涂抹糖霜和装饰。

制作花瓣

1. 将耐嚼糖切成两半。

2. 将每一半都捏成花瓣的形状（长 $1\frac{1}{4}$ 英寸）。

3. 用牙签或者水果刀在花瓣上画出纹理。

杏仁馅白色圣诞节蛋糕

24 个
准备时间：**55 分钟**
制作时间：**2 小时 20 分钟**

馅料
1/2 量杯细细切碎的去皮杏仁
1/4 量杯白砂糖
1/2 小勺柠檬皮屑
1 个蛋白，稍稍搅打
蛋糕
白蛋糕（第 14 页）
白巧克力奶油霜糖霜
1/2 量杯淡奶油
4 盎司白巧克力，切碎
1/3 量杯白可可酒或冷萃咖啡
2 量杯糖粉
1 量杯黄油或人造黄油，软化
装饰
白色粗砂糖

1. 烤箱预热至 180℃。在小碗中混合馅料原料，放在一旁备用。
2. 按照配方的要求制作白蛋糕，不同之处是：舀 1 1/2 小勺馅料到每个纸模中的面糊上（放在中央）。按照配方的要求烘焙和冷却蛋糕。
3. 同时，在容量为 1 1/2 夸脱的炖锅中，中火加热淡奶油和白巧克力，不时搅拌，直至巧克力熔化。离火，拌入可可酒或者冷萃咖啡。冷藏 30 分钟。
4. 用厨师机中速搅打糖粉和黄油，不时将粘在碗壁上的混合物刮下来，直至混合物松软。加入经过冷藏的白巧克力混合物，搅打至顺滑。
5. 给蛋糕涂抹糖霜。用白色粗砂糖装点每个蛋糕。

1 个蛋糕： 能量 360 千卡；总脂肪 19 克（饱和脂肪 9 克；反式脂肪 1.5 克）；胆固醇 30 毫克；钠 190 毫克；总碳水化合物 43 克（膳食纤维 0 克）；蛋白质 4 克

甜蜜小贴士

去皮杏仁可以在超市的烘焙用品货架上找到。

用一盒白蛋糕预拌粉代替白蛋糕。按照配方的要求制作馅料。按照包装盒上的说明用蛋糕预拌粉制作纸杯蛋糕，不同之处是：舀 1 1/2 小勺馅料到每个纸模中的面糊上（放在中央）。按照包装盒上的说明烘焙和冷却。按照配方的要求继续制作。

蛋奶酒罂粟籽蛋糕

24 个
准备时间：**15 分钟**
制作时间：**1 小时 15 分钟**

蛋糕
白蛋糕（第 14 页）
1 小勺罂粟籽 *
1/4 小勺豆蔻粉
1 1/4 量杯蛋奶酒
糖霜
香草奶油霜糖霜（第 18 页）
2～4 大勺蛋奶酒
装饰
3 小勺罂粟籽

*欧美常见调味品，我国对其种植、销售和流通有严格限制，具体请参见相关法律。——编者注

1. 按照配方的要求制作白蛋糕，不同之处是：在面粉中添加 1 小勺罂粟籽和 1/4 小勺豆蔻粉；用 1 1/4 量杯蛋奶酒代替牛奶。按照配方的要求烘焙和冷却蛋糕。
2. 按照配方的要求制作香草奶油霜糖霜，不同之处是：用 2～4 大勺蛋奶酒代替牛奶。给蛋糕涂抹糖霜。用 1/8 小勺罂粟籽装点每个蛋糕。

1 个蛋糕： 能量 360 千卡；总脂肪 13 克（饱和脂肪 6 克；反式脂肪 1.5 克）；胆固醇 25 毫克；钠 170 毫克；总碳水化合物 57 克（膳食纤维 0 克）；蛋白质 3 克

甜蜜小贴士

节日期间，蛋奶酒可以在超市的乳制品区找到。

使用蛋糕预拌粉

用一盒白蛋糕预拌粉代替白蛋糕。按照包装盒上的说明用蛋糕预拌粉制作纸杯蛋糕，不同之处是：使用 1 1/4 量杯蛋奶酒、1/3 量杯植物油、3 个蛋白；在面糊中拌入 1 小勺罂粟籽和 1/4 小勺豆蔻粉。按照包装盒上的说明烘焙和冷却。至于糖霜，用 1 罐可直接涂抹的香草奶油霜代替。按照配方的要求涂抹糖霜和装饰。

节日水果蛋糕配朗姆奶油霜糖霜

28 个

准备时间：**25 分钟**

制作时间：**1 小时 30 分钟**

蛋糕

2¾ 量杯中筋面粉

3 小勺泡打粉

½ 小勺盐

¾ 量杯起酥油

1⅔ 量杯白砂糖

5 个蛋白

2 小勺香草精

2 小勺朗姆精

1¼ 量杯牛奶

½ 量杯细细切碎的杏子干

½ 量杯细细切碎的加糖菠萝干

½ 量杯加糖樱桃干或蔓越莓干

½ 量杯美洲山核桃碎

朗姆奶油霜糖霜

香草奶油霜糖霜（第 18 页）

1 大勺黑朗姆酒或者 1 小勺朗姆精

装饰，可选

杏子干、菠萝干、樱桃干或蔓越莓干

美洲山核桃

1. 烤箱预热至 180°C。在 28 个常规大小的麦芬模中分别放入纸模。在中碗中将中筋面粉、泡打粉和盐搅拌在一起，放在一旁备用。

2. 用厨师机中速搅打起酥油，搅打 30 秒。分次加入白砂糖，每次加大约 ⅓ 量杯并搅打均匀，不时将粘在碗壁上的混合物刮下来。继续搅打 2 分钟。加入蛋白，每次加 1 个并搅打均匀。打入香草精和 2 小勺朗姆精。将厨师机调至低速，交替加入面粉混合物（每次大约加入总量的 ⅓）和牛奶（每次大约加入总量的 ½），搅打均匀。拌入切碎的水果干和美洲山核桃。

3. 将面糊平均分到各个纸模中，每个纸模中的面糊大约占纸模容量的 ⅔。

4. 烘焙 18～22 分钟，或者烘焙至将牙签插入蛋糕中心后拔出来时表面是干净的。让蛋糕在模具中冷却 5 分钟。从模具中取出蛋糕，放在冷却架上冷却。

5. 按照配方的要求制作香草奶油霜糖霜，不同之处是：用黑朗姆酒或者朗姆精代替香草精。给蛋糕涂抹糖霜。用水果干和美洲山核桃装点蛋糕。

1 个蛋糕：能量 330 千卡；总脂肪 12 克（饱和脂肪 4.5 克；反式脂肪 1 克）；胆固醇 15 毫克；钠 140 毫克；总碳水化合物 53 克（膳食纤维 1 克）；蛋白质 2 克

甜蜜小贴士

如果你不想买三种水果干，可以只买两种，但是在制作蛋糕时要将每一种的用量增加 ¼ 量杯。

圣诞节石榴蛋糕

24 个

准备时间：**20 分钟**

制作时间：**1 小时 15 分钟**

蛋糕

2¾ 量杯中筋面粉

3 小勺泡打粉

½ 小勺盐

¾ 量杯起酥油

1⅔ 量杯白砂糖

5 个蛋白

2½ 小勺香草精

1¼ 量杯牛奶

1 量杯石榴籽

糖霜

奶油奶酪糖霜（第 18 页）

装饰

6 大勺石榴籽

新鲜薄荷枝，可选

1. 烤箱预热至 180°C。在 24 个常规大小的麦芬模中分别放入纸模，或者在麦芬模中抹油并且撒上面粉（或者喷一些蛋糕模喷雾）。

2. 在中碗中将面粉、泡打粉和盐搅拌在一起，放在一旁备用。用厨师机中速搅打起酥油，搅打 30 秒。分次加入白砂糖，每次加大约 ⅓ 量杯并搅打均匀，不时将粘在碗壁上的混合物刮下来。继续搅打 2 分钟。加入蛋白，每次加 1 个并搅打均匀。打入香草精。将厨师机调至低速，交替加入面粉混合物（每次大约加入总量的 ⅓）和牛奶（每次大约加入总量的 ½），搅打均匀。拌入 1 量杯石榴籽。

3. 将面糊平均分到各个纸模中，每个纸模中的面糊大约占纸模容量的 ⅔。

4. 烘焙 18～20 分钟，或者烘焙至将牙签插入蛋糕中心后拔出来时表面是干净的。让蛋糕在模具中冷却 5 分钟。从模具中取出蛋糕，放在冷却架上冷却。

5. 按照配方的要求制作奶油奶酪糖霜，给蛋糕涂抹糖霜。用 1 小勺石榴籽装点每个蛋糕。将蛋糕摆放在大平盘上，用新鲜薄荷枝装饰。

1 个蛋糕：能量 320 千卡；总脂肪 12 克（饱和脂肪 5 克；反式脂肪 1.5 克）；胆固醇 15 毫克；钠 170 毫克；总碳水化合物 48 克（膳食纤维 0 克）；蛋白质 3 克

使用蛋糕预拌粉

用一盒白蛋糕预拌粉代替上面的蛋糕。按照包装盒上的说明用蛋糕预拌粉制作纸杯蛋糕，不同之处是：使用 1 量杯水、⅓量杯植物油和3个蛋白；将 1 量杯石榴籽和 2 大勺中筋面粉摇晃均匀后拌入面糊中。按照包装盒上的说明烘焙和冷却。至于糖霜，用 1 罐可直接涂抹的香草奶油霜代替。按照配方的要求涂抹糖霜和装饰。

甜蜜小贴士

要想得到闪亮的红宝石般的石榴籽，可以把石榴切成两半，用勺子将籽舀出来，再去掉籽上浅色的膜。

令人愉悦的节日装饰蛋糕

这些颇具创意的蛋糕肯定能让客人们开心，同时给节日增添欢乐。从第一章中选一款你喜欢的纸杯蛋糕制作出来，并制作好第 18 页的香草奶油霜糖霜。给蛋糕涂抹糖霜，然后在蛋糕上摆放线形甘草糖和包着锡纸的巧克力糖，完成装饰。

高贵的钻石蛋糕

制作 1½ 份香草奶油霜糖霜。用装有 4 号圆形裱花嘴的裱花袋挤一些糖霜到蛋糕上，挤成平行的斜线，彼此大约相距 ½ 英寸。再挤一些方向相反的平行斜线压在这些线上，形成钻石的图案，并撒上装饰砂糖加以装饰。最后在斜线相交的位置将红色装饰糖按入糖霜。

引人注目的旋涡蛋糕

在涂抹了糖霜的蛋糕上撒装饰砂糖。将买来的绿色糖霜和红色糖霜挤在蛋糕上制作旋涡时，用小号圆形裱花嘴挤出一个个紧紧挨在一起的之字形，而且从蛋糕的中心到边缘，之字形要越来越宽。

曲线圆点蛋糕

在涂抹了糖霜的蛋糕上撒装饰砂糖。用小号圆形裱花嘴将买来的绿色糖霜挤在蛋糕上，挤成弯弯曲曲的线条。将水果味红色耐嚼糖按入糖霜。

漂亮的条纹蛋糕

在涂抹了糖霜的蛋糕上撒装饰砂糖。用红色和绿色的线形甘草糖在蛋糕上制作条纹（你也可以用罐装的彩色糖霜制作）。用牙签挑一点儿糖霜充当胶水，将红色装饰糖粘在绿色线形甘草糖上。

雪人蛋糕

24 个
准备时间：**1 小时 25 分钟**
制作时间：**2 小时 20 分钟**

蛋糕
白蛋糕（第 14 页）
糖霜
松软白糖霜（第 19 页）
装饰
白色装饰砂糖
1 袋（16 盎司）大号棉花糖
椒盐饼干棒
1 卷果汁卷糖，红色或者橙色的
各种各样的糖（如橡皮糖、橡皮环形糖、薄荷糖、巧克力豆、彩色薄荷糖片、装饰糖、线形甘草糖）

1. 按照配方的要求制作、烘焙和冷却白蛋糕。
2. 按照配方的要求制作松软白糖霜。预留 1/4 量杯糖霜。将剩下的糖霜涂抹在蛋糕上。
3. 将白砂糖撒在糖霜上。在每个蛋糕上堆 2～3 颗棉花糖，在棉花糖之间用 1/2 小勺糖霜将其粘在一起。
4. 制作手臂：将椒盐饼干棒折成 1½ 英寸长的小段，在每个蛋糕的棉花糖上插入 2 小段。制作连指手套：从果汁卷糖上剪下 1 英寸长的连指手套图案，用糖霜粘在椒盐饼干棒上。制作围巾：将果汁卷糖切成 6 英寸 × 1/4 英寸的条形，在最上面那颗棉花糖的底部缠绕一圈并打结。制作帽子：将各种糖堆叠在一起，用糖霜粘起来。制作脸部和纽扣：用少许糖霜将所选的糖粘在棉花糖上。

1 个涂抹了糖霜的蛋糕（未装饰）： 能量 210 千卡；总脂肪 7 克（饱和脂肪 2 克；反式脂肪 1 克）；胆固醇 0 毫克；钠 135 毫克；总碳水化合物 33 克（膳食纤维 0 克）；蛋白质 3 克

甜蜜小贴士

还有很多很好的办法可以用来装饰雪人。查看一下你家的食品柜，找出现有的彩色糖果，创造属于你自己的雪人蛋糕！

使用蛋糕预拌粉

用一盒白蛋糕预拌粉代替白蛋糕。按照包装盒上的说明用蛋糕预拌粉制作纸杯蛋糕。至于糖霜，用 1 罐可直接涂抹的松软白糖霜代替。预留 1/4 量杯糖霜。按照配方的要求涂抹糖霜和装饰。

驯鹿蛋糕

24 个
准备时间：**1 小时 5 分钟**
制作时间：**2 小时 5 分钟**

蛋糕
巧克力蛋糕（第 13 页）
糖霜和装饰
奶油巧克力糖霜（第 18 页）
巧克力装饰糖
24 块椒盐卷饼
24 颗迷你棉花糖
24 颗红色肉桂糖
24 颗小号绿色橡皮糖

1. 按照配方的要求制作、烘焙和冷却巧克力蛋糕。
2. 按照配方的要求制作奶油巧克力糖霜。给蛋糕涂抹糖霜。在蛋糕顶部撒上巧克力装饰糖。
3. 将椒盐卷饼切成两半，插在蛋糕上充当鹿角。将迷你棉花糖切成两半，摆放在蛋糕上充当眼睛。将绿色橡皮糖摆放在棉花糖下方的中间充当鼻子。将红色肉桂糖摆放在橡皮糖下方充当嘴巴。

1 个涂抹了糖霜的蛋糕（未装饰）：能量 280 千卡；总脂肪 12 克（饱和脂肪 5 克；反式脂肪 1 克）；胆固醇 30 毫克；钠 200 毫克；总碳水化合物 39 克（膳食纤维 1 克）；蛋白质 2 克

甜蜜小贴士

过节期间要节约时间！你可以将这些蛋糕提前做好放入密封容器，最多可以冷冻保存 4 个月。需要时直接装饰冷冻蛋糕吧，在你装饰的过程中它们会解冻的。

使用蛋糕预拌粉

用一盒魔鬼蛋糕预拌粉代替巧克力蛋糕。按照包装盒上的说明用蛋糕预拌粉制作纸杯蛋糕。至于糖霜，用 1 罐可直接涂抹的巧克力奶油霜代替。按照配方的要求涂抹糖霜以及装饰。

被雪覆盖的姜饼火车

28 个
准备时间：**1 小时 5 分钟**
制作时间：**2 小时**

蛋糕和糖霜
姜饼蛋糕配奶油奶酪糖霜（第 50 页）
装饰
各种各样的糖（如糖衣巧克力豆、覆有牛奶巧克力的圆形耐嚼焦糖、水果味耐嚼糖、麻花形甘草糖、圆形薄荷硬糖、水果味环形硬糖以及橡皮糖）
椒盐饼干棒
迷你冰激凌脆筒

1. 烤箱预热至 180℃。在 10 个常规大小的麦芬模中抹油并撒上面粉（或者喷一些蛋糕模喷雾）。在 18 个迷你麦芬模中分别放入迷你纸模。
2. 按照第 50 页的配方制作姜饼蛋糕，不同之处是：每个麦芬模或者纸模中的面糊大约占模具容量的 2/3。
3. 常规大小的蛋糕烘焙 15 ~ 18 分钟，迷你蛋糕烘焙 11 ~ 15 分钟，或者烘焙至将牙签插入蛋糕中心后拔出来时表面是干净的。让蛋糕在模具中冷却 5 分钟。从模具中取出蛋糕，放在冷却架上冷却。
4. 按照配方的要求制作奶油奶酪糖霜。预留 1/2 量杯糖霜用来装饰蛋糕。将剩下的糖霜涂抹在蛋糕上，留 1 个常规大小的蛋糕不涂。在餐盘里将 5 个常规大小的蛋糕摆成一列。如图所示，将未涂抹糖霜的那个蛋糕纵向切成两半，上下颠倒摆放在火车前面。火车的两边都用糖霜粘上迷你蛋糕，并用椒盐饼干棒将迷你蛋糕连接起来。在火车的前面和后面加上更多蛋糕。按照自己的想法，用糖、椒盐饼干棒和冰激凌脆筒装饰（如有必要，用糖霜黏合）。如果愿意，将剩下的蛋糕也端上桌。

1 个涂抹了糖霜的蛋糕（未装饰）：能量 320 千卡；总脂肪 13 克（饱和脂肪 8 克；反式脂肪 0 克）；胆固醇 60 毫克；钠 240 毫克；总碳水化合物 49 克（膳食纤维 0 克）；蛋白质 3 克

甜蜜小贴士

用可直接涂抹的奶油奶酪糖霜代替自己制作的，你的这道非同凡响的甜点依然可以大获好评！

地精家园蛋糕

36 个

准备时间：**1 小时 30 分钟**

制作时间：**4 小时 5 分钟**

巧克力蛋糕（第 13 页）
奶油巧克力糖霜（第 18 页）
各种各样的糖（如水果味耐嚼糖、棒棒糖、装饰砂糖、装饰糖）
覆有巧克力的杏仁，可选
绿色装饰糖霜，可选

1. 按照配方的要求制作巧克力蛋糕，不同之处是：在 18 个常规大小的麦芬模中抹油并撒上面粉（或者喷一些蛋糕模喷雾）。在 18 个迷你麦芬模中分别放入迷你纸模。将面糊舀到各个麦芬模或纸模中，每个麦芬模或纸模中的面糊大约占其容量的 ⅔。

2. 常规大小的蛋糕烘焙 18～25 分钟，迷你蛋糕烘焙 12～20 分钟，或者烘焙至将牙签插入蛋糕中心后拔出来时表面是干净的。让蛋糕在模具中冷却 5 分钟。从模具中取出蛋糕，放在冷却架上冷却。

3. 同时，按照配方的要求制作奶油巧克力糖霜。去掉迷你蛋糕上的纸模。给常规大小的蛋糕和迷你蛋糕涂抹糖霜，并用各种各样的糖和装饰糖霜装饰它们，创造一个由很多小房子组成的村庄。

1 个涂抹了糖霜的蛋糕（未装饰）：能量 300 千卡；总脂肪 13 克（饱和脂肪 5 克；反式脂肪 1.5 克）；胆固醇 30 毫克；钠 220 毫克；总碳水化合物 42 克（膳食纤维 1 克）；蛋白质 2 克

甜蜜小贴士

你可以创造一个节日版地精家园：用红色和绿色的糖装饰；用椰丝充当雪，用覆有巧克力的葡萄干或者石头巧克力充当岩石。

使用蛋糕预拌粉

用一盒魔鬼蛋糕预拌粉代替巧克力蛋糕。按照包装盒上的说明用蛋糕预拌粉制作纸杯蛋糕，不同之处是：在 18 个常规大小的麦芬模中分别放入纸模，在 18 个迷你麦芬模中分别放入迷你纸模；将面糊平均分到各个纸模中；按照包装盒上的说明烘焙常规大小的蛋糕，迷你蛋糕烘焙 10～15 分钟。按照包装盒上的说明冷却。按照配方的要求涂抹糖霜和装饰。

红丝绒精灵蛋糕

24 个

准备时间：**1 小时 10 分钟**

制作时间：**2 小时 20 分钟**

蛋糕

$2\frac{1}{4}$ 量杯中筋面粉

$\frac{1}{4}$ 量杯无糖可可粉

1 小勺小苏打

1 小勺盐

$\frac{1}{2}$ 量杯黄油或人造黄油，软化

$1\frac{1}{4}$ 量杯白糖

2 个鸡蛋

1 盎司（大约 2 大勺）红色食用色素

$1\frac{1}{2}$ 小勺香草精

1 量杯酪乳

糖霜

奶油奶酪糖霜（第 18 页）

装饰

3 颗杏子干，切成两半

6 卷果汁卷糖，任意口味的

24 颗小号红色橡皮糖，切成两半

48 颗半甜巧克力豆

1 管（7 盎司）红色装饰糖霜

1. 烤箱预热至 180℃。在 24 个常规大小的麦芬模中分别放入纸模。在小碗中将面粉、可可粉、小苏打和盐搅拌在一起，放在一旁备用。

2. 用厨师机中速搅打黄油和白糖，搅打至混合均匀。加入鸡蛋，搅打 1～2 分钟，或者搅打至轻盈、松软。打入食用色素和香草精。将厨师机调至低速，交替加入面粉混合物（每次大约加入总量的 $\frac{1}{3}$）和酪乳（每次大约加入总量的 $\frac{1}{2}$），搅打均匀。将面糊平均分到各个纸模中，每个纸模中的面糊大约占纸模容量的 $\frac{2}{3}$。

3. 烘焙 20～25 分钟，或者烘焙至将牙签插入蛋糕中心后拔出来时表面是干净的。让蛋糕在模具中冷却 5 分钟。从模具中取出蛋糕，放在冷却架上冷却。

4. 按照配方的要求制作奶油奶酪糖霜。预留 1 大勺糖霜，将剩下的糖霜涂抹在蛋糕上。

5. 将半颗杏子干切成 8 片，在每个蛋糕的两侧各放 1 片充当耳朵。将每卷果汁卷糖切成 4 个三角形，在每个蛋糕的顶部粘 1 个三角形并将尖尖的一端折回来粘在三角形上充当帽子。用预留的糖霜在帽子尖尖的一端粘贴半颗橡皮糖，再用半颗橡皮糖充当鼻子，用 2 颗巧克力豆充当眼睛。将红色装饰糖霜挤在蛋糕上充当嘴。

1 个蛋糕： 能量 250 千卡；总脂肪 9 克（饱和脂肪 6 克；反式脂肪 0 克）；胆固醇 45 毫克；钠 230 毫克；总碳水化合物 39 克（膳食纤维 0 克）；蛋白质 3 克

迷你蝴蝶蛋糕（第 217 页）

第六章

用于特殊场合的纸杯蛋糕

开心果乳脂软糖蛋糕

24 个

准备时间：**25 分钟**

制作时间：**45 分钟**

外壳

1/4 量杯黄油或人造黄油，软化

1 块（3 盎司）奶油奶酪，软化

3/4 量杯中筋面粉

1/4 量杯糖粉

2 大勺无糖可可粉

1/2 小勺香草精

馅料

2/3 量杯白砂糖

2/3 量杯开心果碎

1/3 量杯无糖可可粉

2 大勺黄油或人造黄油，软化

1 个鸡蛋

装饰

奶油巧克力糖霜（第 18 页），可选

1. 烤箱预热至 180°C。用厨师机中速搅打 1/4 量杯黄油和奶油奶酪，或者用勺子搅拌。拌入剩下的外壳原料，搅拌至混合均匀并且面团成形。

2. 将面团平均分成 24 份。将每一份按压在未涂油的迷你麦芬模的底部和内侧。

3. 在中碗中将馅料原料混合均匀。在每个迷你麦芬模中舀入大约 2 小勺馅料。

4. 烘焙 18～20 分钟，或者烘焙至轻轻碰触馅料时馅料几乎不留凹痕。让蛋糕在模具中冷却 5 分钟。用刀尖使蛋糕与麦芬模分离。从模具中取出蛋糕，放在冷却架上冷却。如果愿意，在蛋糕上用星形裱花嘴挤奶油巧克力糖霜装饰。

1 个蛋糕： 能量 90 千卡；总脂肪 6 克（饱和脂肪 3 克；反式脂肪 0 克）；胆固醇 20 毫克；钠 35 毫克；总碳水化合物 6 克（膳食纤维 1 克）；蛋白质 2 克

椰子乳脂软糖蛋糕： 用 2/3 量杯椰丝代替开心果碎。

巧克力覆盆子蛋糕

24 个
准备时间：**1 小时**
制作时间：**1 小时 50 分钟**

蛋糕
24 个锡纸模
巧克力蛋糕（第 13 页）
糖霜
5 盎司半甜巧克力
1/3 量杯牛奶
3 大勺速溶意式浓缩咖啡粉
3/4 量杯起酥油
3/4 量杯黄油或人造黄油，软化
1 1/2 小勺香草精
1/8 小勺犹太盐（粗盐）
5 量杯糖粉
馅料
1 量杯无籽覆盆子酱
装饰
超细可食用闪粉或者装饰砂糖，可选

1. 烤箱预热至 180°C。去掉锡纸模里面的衬纸；在 24 个常规大小的麦芬模中分别放入锡纸模。
2. 按照配方的要求制作、烘焙和冷却巧克力蛋糕。同时，将巧克力放在小号微波炉碗中，用微波炉高火加热 1 分 30 秒，每隔 30 秒搅拌一下，直至巧克力顺滑。放在一旁备用。
3. 将牛奶放在可用于微波炉的量杯中，用微波炉高火加热 30～45 秒，加热至非常热。拌入咖啡粉，搅拌至咖啡粉全部溶解。冷却至室温，大约需要 10 分钟。
4. 用厨师机中速搅打起酥油和黄油，搅打 30 秒，直至顺滑。加入冷却的巧克力、香草精、盐和牛奶混合物，搅打至顺滑。将厨师机调至低速，并不时将粘在碗壁上的混合物刮下来，慢慢加入糖粉，直至糖霜变得浓稠、顺滑。放在一旁备用。
5. 用勺子将覆盆子酱舀到装有 6 号圆形裱花嘴（开口直径约为 1/8 英寸）的裱花袋中。将裱花嘴插入已冷却的蛋糕的中心（大约伸入一半）。轻轻挤压裱花袋，同时向上拉，直至蛋糕稍稍膨胀、馅料堆积在顶部。
6. 用勺子将糖霜舀到装有 1 号圆形裱花嘴（开口直径约为 1/2 英寸）的裱花袋中，挤出粗粗的螺旋形糖霜，蛋糕四周留出 1/4 英寸宽的边缘不挤糖霜。撒上可食用闪粉。

1 个蛋糕：能量 440 千卡；总脂肪 21 克（饱和脂肪 8 克；反式脂肪 2.5 克）；胆固醇 35 毫克；钠 230 毫克；总碳水化合物 60 克（膳食纤维 1 克）；蛋白质 2 克

甜蜜小贴士

如果是为婚礼制作这款蛋糕，可以根据客人的数量成倍增加配方中各种原料的用量。如果不按倍数增加原料的用量，会在馅料分量和烘焙时间上出问题。

迷你巧克力甘纳许蛋糕

60 个

准备时间：**1 小时 10 分钟**

制作时间：**2 小时 20 分钟**

蛋糕

1 盒配有布丁粉的魔鬼蛋糕预拌粉

蛋糕预拌粉包装盒上要求的水、植物油和鸡蛋

馅料

2/3 量杯覆盆子酱

糖胶

6 盎司黑巧克力，切碎

2/3 量杯淡奶油

1 大勺覆盆子味利口酒，可选

装饰

60 颗新鲜覆盆子，可选

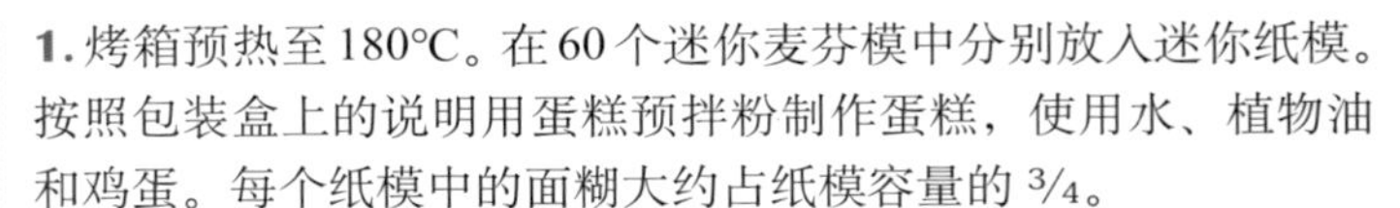

1. 烤箱预热至 180℃。在 60 个迷你麦芬模中分别放入迷你纸模。按照包装盒上的说明用蛋糕预拌粉制作蛋糕，使用水、植物油和鸡蛋。每个纸模中的面糊大约占纸模容量的 3/4。

2. 烘焙 10 ~ 15 分钟，或者烘焙至将牙签插入蛋糕中心后拔出来时表面是干净的。让蛋糕在模具中冷却 5 分钟。从模具中取出蛋糕，放在冷却架上冷却。

3. 用木勺的圆柄末端在每个迷你蛋糕顶部中央挖一个直径为 1/2 英寸的坑，但是不要挖得太靠近底部（扭动勺子，使坑足够大）。

4. 用勺子将覆盆子酱舀到小号可重复密封保鲜袋中，封好袋口。从保鲜袋底部一角剪去一个 3/8 英寸的尖儿，将这个角插入每个迷你蛋糕的坑中，挤压保鲜袋，用馅料填充蛋糕。

5. 将黑巧克力放在中碗中。在容量为 1 夸脱的炖锅中加热淡奶油，加热至沸腾即可，然后倒入装有巧克力的碗中。静置 3 ~ 5 分钟，或者静置至巧克力完全熔化、能搅拌顺滑。拌入利口酒。静置 15 分钟，偶尔搅拌一下，直至糖胶能附着在勺子上。

6. 用勺子舀大约 1 小勺糖胶到每个迷你蛋糕上。用新鲜的覆盆子装饰每个蛋糕。

1个蛋糕： 能量 120 千卡；总脂肪 8 克（饱和脂肪 2.5 克；反式脂肪 0 克）；胆固醇 15 毫克；钠 80 毫克；总碳水化合物 10 克（膳食纤维 0 克）；蛋白质 1 克

甜蜜小贴士

如果你将这些小甜点放在冰箱中冷藏保存，那么在食用之前要让它们在室温下至少静置 20 分钟。

印度奶茶蛋糕

24 个
准备时间：**50 分钟**
制作时间：**2 小时 25 分钟**

蛋糕

1 盒配有布丁粉的法式香草蛋糕预拌粉
$1\frac{1}{2}$ 量杯水
$\frac{1}{3}$ 量杯植物油
3 个鸡蛋
3 大勺（1.1 盎司）速溶印度奶茶粉

糖霜

4 盎司白巧克力，切碎
$\frac{1}{3}$ 量杯黄油或人造黄油，软化
4 量杯糖粉
$\frac{1}{4}$ 量杯牛奶
$\frac{1}{2}$ 小勺香草精

装饰

肉桂粉，可选

1. 烤箱预热至 180°C。在 24 个常规大小的麦芬模中分别放入纸模。

2. 用厨师机低速搅打蛋糕原料，搅打 30 秒。将厨师机调至中速，继续搅打 2 分钟，并不时将粘在碗壁上的混合物刮下来。将面糊平均分到各个纸模中，每个纸模中的面糊大约占纸模容量的 $\frac{2}{3}$。

3. 烘焙 18～23 分钟，或者烘焙至将牙签插入蛋糕中心后拔出来时表面是干净的。让蛋糕在模具中冷却 10 分钟。从模具中取出蛋糕，放在冷却架上冷却。

4. 将白巧克力放在中号微波炉碗中，用微波炉高火加热 30 秒。其间不时搅拌，直至熔化；如有必要，继续加热 15 秒，或者加热至巧克力熔化并变顺滑。拌入黄油并搅拌至顺滑。加入糖粉、牛奶和香草精，搅拌均匀。

5. 给蛋糕涂抹糖霜。撒上肉桂粉。

1个蛋糕：能量 250 千卡；总脂肪 9 克（饱和脂肪 3.5 克；反式脂肪 0 克）；胆固醇 35 毫克；钠 180 毫克；总碳水化合物 41 克（膳食纤维 0 克）；蛋白质 1 克

甜蜜小贴士

印度奶茶是用牛奶和各种香料（如豆蔻、肉桂、丁香、生姜、肉豆蔻和胡椒）制作的茶。

意式浓缩咖啡蛋糕

24 个
准备时间：**1 小时 15 分钟**
制作时间：**2 小时**

蛋糕
巧克力蛋糕（第 13 页）
1 大勺速溶意式浓缩咖啡粉或者颗粒

馅料
1 罐（8 盎司）马斯卡彭奶酪
2 小勺牛奶
2 小勺速溶意式浓缩咖啡粉或者颗粒
1 量杯糖粉

糖霜
4 盎司半甜巧克力，细细切碎
6 大勺黄油或人造黄油，软化
3 大勺牛奶
1 小勺速溶意式浓缩咖啡粉或者颗粒
½ 小勺香草精
1 小撮盐
3 量杯糖粉

1. 按照配方的要求制作巧克力蛋糕，不同之处是：在面粉中拌入 1 大勺浓缩咖啡粉。按照配方的要求烘焙和冷却。

2. 用厨师机中速搅打馅料原料，搅打至顺滑。用勺子将馅料舀到装有 9 号（直径 ¼ 英寸）裱花嘴的裱花袋中。

3. 给蛋糕填充馅料时，将裱花嘴插入已经冷却的蛋糕的中心，轻轻挤压裱花袋，直至蛋糕稍稍膨胀但没有爆裂（每个蛋糕应该填充大约 1 大勺馅料）。

4. 将巧克力放在小号微波炉碗中，不盖盖子，高火加热 45 秒。搅拌；继续加热，每隔 15 秒搅拌一下，直至完全熔化。稍稍冷却，大约需要 5 分钟。

5. 用厨师机低速搅打黄油、3 大勺牛奶、1 小勺咖啡粉、香草精和盐，搅打均匀。分次打入 3 量杯糖粉，每次打入 1 量杯，直至混合物变顺滑。加入熔化的巧克力，搅拌均匀。用勺子将糖霜舀到装有直径为 ¾ 英寸的星形裱花嘴的裱花袋中。将糖霜挤在蛋糕上。盖好，放入冰箱冷藏保存。

1 个蛋糕： 能量 320 千卡；总脂肪 15 克（饱和脂肪 6 克；反式脂肪 1 克）；胆固醇 30 毫克；钠 210 毫克；总碳水化合 44 克（膳食纤维 2 克）；蛋白质 3 克

甜蜜小贴士

你可以用巧克力碎、迷你巧克力豆或者覆有巧克力的浓缩咖啡豆装点蛋糕。

使用蛋糕预拌粉

用一盒巧克力乳脂软糖蛋糕预拌粉代替巧克力蛋糕。按照包装盒上的说明用蛋糕预拌粉制作纸杯蛋糕，不同之处是：添加 1 大勺速溶意式浓缩咖啡粉或者颗粒。按照包装盒上的说明烘焙和冷却。按照配方的要求填充馅料、涂抹糖霜和装饰。

迷你巧克力蛋糕

72 个

准备时间：**35 分钟**

制作时间：**2 小时 15 分钟**

- 3/4 量杯黄油或人造黄油
- 4 盎司无糖巧克力
- 2 量杯白糖
- 1 1/2 量杯中筋面粉
- 1/2 量杯无糖可可粉
- 2 小勺泡打粉
- 1/2 小勺盐
- 4 个鸡蛋
- 1 1/2 量杯半甜巧克力豆
- 6 打完整的糖渍樱桃、好时之吻牛奶巧克力（去掉包装）或者对半切开的美洲山核桃

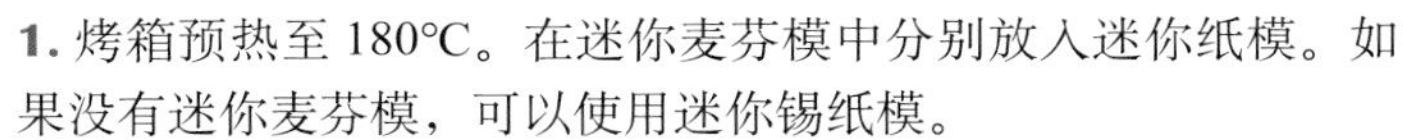

1. 烤箱预热至 180°C。在迷你麦芬模中分别放入迷你纸模。如果没有迷你麦芬模，可以使用迷你锡纸模。

2. 将黄油和无糖巧克力放在容量为 2 夸脱的炖锅中，小火加热 6～10 分钟，偶尔搅拌，直至巧克力混合物变顺滑。冷却 20 分钟。用厨师机中速搅打熔化的巧克力混合物、白糖、1 量杯面粉、可可粉、泡打粉、盐和鸡蛋，搅打 2 分钟，并不时将粘在碗壁上的混合物刮下来，搅打至混合均匀。拌入剩下的 1/2 量杯面粉和巧克力豆。用小勺舀满满一勺面糊，依次放入迷你麦芬模中。

3. 烘焙 15～17 分钟，或者烘焙至蛋糕边缘稍稍变硬（中央稍软）。迅速在每个蛋糕上摆放樱桃、半颗美洲山核桃或者巧克力豆，稍稍按压一下。让蛋糕在模具中冷却 10 分钟。从模具中取出蛋糕，放在冷却架上冷却。

1个蛋糕： 能量 100 千卡；总脂肪 4 克（饱和脂肪 2.5 克；反式脂肪 0 克）；胆固醇 15 毫克；钠 55 毫克；总碳水化合物 15 克（膳食纤维 0 克）；蛋白质 1 克

甜蜜小贴士

可以用各种各样的装饰物来装饰这些可爱的小甜点，这样你能得到更多样的作品和享受。

热巧克力蛋糕

24 个
准备时间：**50 分钟**
制作时间：**1 小时 50 分钟**

蛋糕
巧克力蛋糕（第 13 页）
糖霜
香草奶油霜糖霜（第 18 页）
1 量杯棉花糖酱
装饰
½ 小勺无糖可可粉
12 块迷你椒盐卷饼，切成两半

1. 按照配方的要求制作、烘焙和冷却巧克力蛋糕。
2. 按照配方的要求制作香草奶油霜糖霜。取 2 量杯放入小碗中，拌入棉花糖酱。用勺子将糖霜舀入可重复密封保鲜袋，封好袋口。在保鲜袋的下面一角剪去一个尖儿。（剩余的糖霜留着下次用。）
3. 在每个蛋糕的顶部挤 3 小团糖霜充当熔化的棉花糖。撒上可可粉。将切成两半的椒盐卷饼分别按入每个蛋糕的侧面充当杯子的把手。

1 个蛋糕： 能量 350 千卡；总脂肪 13 克（饱和脂肪 5 克；反式脂肪 1.5 克）；胆固醇 30 毫克；钠 220 毫克；总碳水化合物 56 克（膳食纤维 1 克）；蛋白质 2 克

甜蜜小贴士

剩下的香草奶油霜糖霜怎么办？可以拿来当冰激凌的淋酱。不盖盖子，用微波炉高火将其加热 30 秒或者加热至变热就可以了。

使用蛋糕预拌粉

用一盒魔鬼蛋糕预拌粉代替巧克力蛋糕。按照包装盒上的说明用蛋糕预拌粉制作纸杯蛋糕。至于糖霜，用 2 量杯打发的、可直接涂抹的香草奶油霜和 1 量杯棉花糖酱的混合物来代替。按照配方的要求涂抹糖霜和装饰。

摩卡焦糖卡布奇诺蛋糕

6 个
准备时间：**40 分钟**
制作时间：**1 小时 40 分钟**

巧克力蛋糕（第 13 页）
4¾小勺速溶意式浓缩咖啡颗粒
½ 品脱（1 量杯）重奶油
2 大勺糖粉
2 大勺迷你半甜巧克力豆
2 大勺焦糖淋酱

1. 烤箱预热至 180°C。在 6 个特大麦芬模中分别放入特大纸模，或者在 6 个特大麦芬模中抹油并撒上面粉（或者喷一些蛋糕模喷雾）。
2. 按照配方的要求制作巧克力蛋糕，不同之处是：在混合热水和可可粉的时候加入 4 小勺浓缩咖啡颗粒，搅拌至完全溶解。将面糊平均分到各个纸模中，每个纸模中的面糊大约占纸模容量的 ⅔。
3. 烘焙 20 ~ 25 分钟，或者烘焙至将牙签插入蛋糕中心后拔出来时表面是干净的。让蛋糕在模具中冷却 5 分钟。从模具中取出蛋糕，放在冷却架上冷却。
4. 用厨师机高速搅打重奶油、糖粉和剩余的 ¾ 小勺咖啡颗粒，搅打至硬性发泡。
5. 食用的时候，如果愿意，可以将每个蛋糕放入一个咖啡杯中。在每个蛋糕的顶部放大约 3 大勺打发的奶油，并用 1 小勺巧克力豆装饰，再淋 1 小勺焦糖淋酱。

1 个蛋糕：能量 840 千卡；总脂肪 45 克（饱和脂肪 18 克；反式脂肪 5 克）；胆固醇 125 毫克；钠 740 毫克；总碳水化合物 99 克（膳食纤维 5 克）；蛋白质 9 克

甜蜜小贴士

想使用方便快捷的顶部装饰物？使用冷藏过的喷射奶油吧。

使用蛋糕预拌粉

用一盒魔鬼蛋糕预拌粉代替巧克力蛋糕。在 8 个特大麦芬模中分别放入特大纸模。混合 1¼ 量杯温水和 4 小勺浓缩咖啡颗粒，直至颗粒完全溶解。按照包装盒上的说明用蛋糕预拌粉制作纸杯蛋糕，不同之处是：使用咖啡混合物、½ 量杯植物油和 3 个鸡蛋；烘焙 21 ~ 29 分钟。按照包装盒上的说明冷却。按照配方的要求涂抹糖霜和装饰，使用 1¼ 量杯重奶油、2 大勺糖粉、3 大勺迷你巧克力豆和焦糖淋酱。一共制作 8 个特大纸杯蛋糕。

花生酱高帽蛋糕

（布莉 · 海斯特，加利福尼亚州卡迈克尔市，“烘焙布莉”，www.bakedbree.com）

28 个

准备时间：**1 小时 15 分钟**

制作时间：**2 小时 10 分钟**

蛋糕

3 量杯蛋糕粉

1 大勺泡打粉

½ 小勺盐

1 量杯黄油，软化

2 量杯白砂糖

4 个鸡蛋

2 小勺香草精

¾ 量杯牛奶

糖霜

1½ 量杯黄油，软化

1½ 量杯奶油花生酱

1 罐（7 盎司）棉花糖酱

3 量杯糖粉

2 小勺香草精

巧克力酱

3 量杯（18 盎司）牛奶巧克力豆

6 大勺芥花油或其他植物油

使用蛋糕预拌粉

用一盒黄蛋糕预拌粉代替上面的蛋糕。按照包装盒上的说明用蛋糕预拌粉制作纸杯蛋糕，不同之处是：制作 28 个蛋糕；烘焙 16～18 分钟。按照包装盒上的说明冷却。按照配方的要求准备糖霜和巧克力酱。按照配方的要求涂抹糖霜以及装饰。

1. 烤箱预热至 180°C。在 28 个常规大小的麦芬模中分别放入纸模。在中碗中将蛋糕粉、泡打粉和盐搅拌在一起，放在一旁备用。

2. 用厨师机中速搅打 1 量杯黄油和白砂糖，搅打 5 分钟或者搅打至轻盈、松软。加入鸡蛋，每次加 1 个并搅打均匀。打入 2 小勺香草精。将厨师机调至低速，交替加入面粉混合物（每次大约加入总量的 ⅓）和牛奶（每次大约加入总量的 ½），搅打均匀。将面糊平均分到各个纸模中。

3. 烘焙 20～24 分钟，或者烘焙至将牙签插入蛋糕中心后拔出来时表面是干净的。让蛋糕在模具中冷却 5 分钟。从模具中取出蛋糕，放在冷却架上冷却。

4. 用厨师机中速搅打 1½ 量杯黄油和花生酱，搅打至顺滑。打入棉花糖酱。将厨师机调至低速，慢慢加入糖粉，搅打均匀。加入 2 小勺香草精，继续搅打 3 分钟。

5. 用勺子将糖霜舀到装有 1 号圆形裱花嘴的裱花袋中。将糖霜绕着圈挤在每个蛋糕上，挤出冰激凌甜筒的形状，正中央是尖的。将蛋糕放入冰箱冷藏至少 45 分钟，使糖霜在浸入巧克力酱之前变硬。

6. 在容量为 1½ 夸脱的炖锅中小火加热巧克力豆和油，偶尔搅拌，直至顺滑。将每个蛋糕上的甜筒形糖霜浸入巧克力酱中，让糖霜全部覆上一层巧克力酱（让多余的巧克力酱滴落）。放入冰箱冷藏，使巧克力酱凝固，大约需要 5 分钟。

1 个蛋糕：能量 560 千卡；总脂肪 33 克（饱和脂肪 16 克；反式脂肪 0.5 克）；胆固醇 80 毫克；钠 310 毫克；总碳水化合物 58 克（膳食纤维 1 克）；蛋白质 7 克

甜蜜小贴士

你也可以用黑巧克力豆或者半甜巧克力豆制作巧克力酱。

粉红柠檬水天使之翼蛋糕

24个
准备时间：**1小时**
制作时间：**1小时50分钟**

蛋糕
$2\frac{3}{4}$ 量杯中筋面粉
3 小勺泡打粉
$\frac{1}{2}$ 小勺盐
$\frac{3}{4}$ 量杯起酥油
$1\frac{1}{2}$ 量杯白砂糖
5 个蛋白
$2\frac{1}{2}$ 小勺香草精
$\frac{3}{4}$ 量杯牛奶
$\frac{1}{2}$ 量杯解冻的浓缩粉红柠檬水
粉红柠檬水奶油霜糖霜
6 量杯糖粉
$\frac{2}{3}$ 量杯黄油或人造黄油，软化
6～8 大勺解冻的浓缩粉红柠檬水
装饰
24 块乳脂软糖条纹酥饼，切成两半
超细装饰白砂糖（不是粗糖）

1. 烤箱预热至 180℃。在 24 个常规大小的麦芬模中分别放入纸模，或者在麦芬模中抹油并撒上面粉（或者喷一些蛋糕模喷雾）。在中碗中将面粉、泡打粉和盐搅拌在一起，放在一旁备用。
2. 用厨师机中速搅打起酥油，搅打 30 秒。分次加入白砂糖，每次加大约 $\frac{1}{3}$ 量杯并搅打均匀。继续搅打 2 分钟。加入蛋白，每次加 1 个并搅打均匀。打入香草精。将厨师机调至低速，交替加入面粉混合物（每次大约加入总量的 $\frac{1}{3}$）和牛奶以及 $\frac{1}{2}$ 量杯浓缩柠檬水，搅打均匀。
3. 将面糊平均分到各个纸模中，每个纸模中的面糊大约占纸模容量的 $\frac{2}{3}$。
4. 烘焙 18～20 分钟，或者烘焙至将牙签插入蛋糕中心后拔出来时表面是干净的。让蛋糕在模具中冷却 5 分钟。从模具中取出蛋糕，放在冷却架上冷却。
5. 在大碗中用勺子混合或者用厨师机低速搅打糖粉和黄油。拌入 6 大勺浓缩柠檬水。将剩下的柠檬水慢慢打入，使糖霜变顺滑、可涂抹即可。用勺子舀 $\frac{1}{2}$ 量杯糖霜到小号可重复密封保鲜袋中，放在一旁备用。将剩下的糖霜涂抹在蛋糕上。
6. 将保鲜袋底部一角剪去一个 $\frac{3}{8}$ 英寸的尖儿。在切成两半的酥饼有巧克力的那一面挤出弯弯曲曲的线条。撒上装饰白砂糖。在每个蛋糕上放两个半块酥饼充当天使之翼，稍稍按压一下。

1个蛋糕： 能量 360 千卡；总脂肪 12 克（饱和脂肪 5 克；反式脂肪 1.5 克）；胆固醇 15 毫克；钠 160 毫克；总碳水化合物 60 克（膳食纤维 0 克）；蛋白质 2 克

甜蜜小贴士

如果制作这款蛋糕时没有装饰白砂糖，你可以使用你喜欢的颜色或者各种蜡笔色的装饰砂糖。

柠檬蛋白霜蛋糕

24 个
准备时间：**1 小时**
制作时间：**2 小时 15 分钟**

蛋糕
柠檬蛋糕（第 15 页）
1 罐（10～12 盎司）柠檬凝乳
蛋白霜
4 个蛋白
1/4 小勺塔塔粉
1 1/2 小勺香草精
2/3 量杯白糖

1. 烤箱预热至 180°C。在 24 个常规大小的麦芬模中分别放入纸模；在纸模中喷一些蛋糕模喷雾。
2. 按照配方的要求制作、烘焙和冷却柠檬蛋糕。
3. 用木勺的圆柄末端在每个蛋糕顶部的中央挖一个直径 3/4 英寸的坑，但是不要挖得太靠近底部（扭动勺子，使坑足够大）。
4. 用勺子将柠檬凝乳舀到小号可重复密封保鲜袋中，密封保鲜袋。从保鲜袋底部一角剪去一个 3/8 英寸的尖儿，再将这个角插入蛋糕上的坑中；挤压保鲜袋，用柠檬凝乳填充蛋糕。
5. 将烤箱的温度增至 230°C。用厨师机高速搅打蛋白、塔塔粉和香草精，搅打至软性发泡。分次加入白糖，每次加 1 大勺，不停搅打，打至硬性发泡、蛋白霜变得光滑。将蛋白霜涂抹在蛋糕上，将蛋糕放在烤盘上，烘焙 2～3 分钟，或者烘焙至蛋白霜稍稍变成棕色。

1 个蛋糕： 能量 230 千卡；总脂肪 9 克（饱和脂肪 6 克；反式脂肪 0 克）；胆固醇 60 毫克；钠 210 毫克；总碳水化合物 34 克（膳食纤维 0 克）；蛋白质 3 克

甜蜜小贴士

你可以在亮闪闪的金色杯子或者银色杯子里烘焙这些小甜点，还可以用美妙的蛋白霜制作出一些旋涡！

使用蛋糕预拌粉

用一盒柠檬蛋糕预拌粉代替柠檬蛋糕。按照包装盒上的说明用蛋糕预拌粉制作纸杯蛋糕。按照配方的要求用柠檬凝乳填充蛋糕和制作蛋白霜。

粉色香槟蛋糕

28 个
准备时间：**45 分钟**
制作时间：**2 小时**

蛋糕
白蛋糕（第 14 页）
1¼ 量杯香槟
4～5 滴红色食用色素
香槟糖霜
½ 量杯黄油或人造黄油，软化
4 量杯糖粉
¼ 量杯香槟
1 小勺香草精
4～5 滴红色食用色素
装饰
粉色装饰砂糖
粉色珍珠糖

1. 烤箱预热至 180℃。在 28 个常规大小的麦芬模中分别放入纸模。按照配方的要求制作白蛋糕，不同之处是：用 1¼ 量杯香槟代替牛奶；添加 4～5 滴红色食用色素。将面糊平均分到各个纸模中。按照配方的要求烘焙和冷却。
2. 用厨师机中速搅打糖霜原料，搅打至顺滑。给蛋糕涂抹糖霜。用粉色装饰砂糖和粉色珍珠糖装点蛋糕。

1个蛋糕： 能量 280 千卡；总脂肪 10 克（饱和脂肪 4 克；反式脂肪 1 克）；胆固醇 10 毫克；钠 150 毫克；总碳水化合物 43 克（膳食纤维 0 克）；蛋白质 2 克

甜蜜小贴士

商店里有很多昂贵的香槟，但是这一次你只须买便宜一些的。为制作蛋糕做准备的时候，请将香槟放置在室温下。

使用蛋糕预拌粉

用一盒白蛋糕预拌粉代替白蛋糕。按照包装盒上的说明用蛋糕预拌粉制作纸杯蛋糕，不同之处是：使用 1¼ 量杯香槟、⅓ 量杯植物油、3 个蛋白，添加 4～5 滴红色食用色素。按照包装盒上的说明烘焙和冷却蛋糕。按照配方的要求涂抹糖霜和装饰。一共制作 24 个蛋糕。

迷你碎屑蛋糕

6 个
准备时间：**10 分钟**
制作时间：**45 分钟**

1¼ 量杯中筋面粉
½ 量杯红糖，压实
½ 量杯黄油或人造黄油，熔化
1 个鸡蛋，打散
¼ 量杯牛奶
1 小勺泡打粉
½ 小勺肉桂粉
2 大勺糖粉

1. 烤箱预热至 180℃。在 6 个迷你麦芬模中分别放入迷你纸模，或者在迷你麦芬模中涂抹起酥油（或者喷一些蛋糕模喷雾）。在大碗中，用勺子将面粉、红糖和黄油搅拌在一起，搅拌至酥松。预留 ⅓ 量杯面粉混合物用于装饰。

2. 在剩下的面粉混合物中拌入鸡蛋、牛奶、泡打粉和肉桂粉，搅拌均匀。将面糊平均分到各个纸模中。将预留的面粉混合物撒在面糊上。

3. 烘焙 20 ~ 30 分钟，或者烘焙至将牙签插入蛋糕中心后拔出来时表面是干净的。让蛋糕在模具中冷却 5 分钟。从模具中取出蛋糕，放在冷却架上冷却。食用之前，用糖粉装饰温热的蛋糕。可以趁蛋糕温热的时候享用，也可以将蛋糕冷藏至冰凉再享用。

1 个蛋糕： 能量 330 千卡；总脂肪 17 克（饱和脂肪 10 克；反式脂肪 0.5 克）；胆固醇 75 毫克；钠 210 毫克；总碳水化合物 41 克（膳食纤维 1 克）；蛋白质 4 克

甜蜜小贴士

可以用这些甜甜的小蛋糕配咖啡，当作早午餐食用。将它们摆放在带底座的餐盘里。

迷你蝴蝶蛋糕

72 个
准备时间：**2 小时 30 分钟**
制作时间：**3 小时 20 分钟**

蛋糕
白蛋糕（第 14 页）
糖胶
8 量杯糖粉
1/2 量杯水
1/2 量杯浅色玉米糖浆
2 小勺杏仁提取物
装饰
288 颗蜡笔色糖衣巧克力豆
144 块覆有酸奶或者白色乳脂软糖的迷你椒盐卷饼
黑色线形甘草糖，切成 144 条（每条长 1/2 英寸）

1. 按照配方的要求制作、烘焙和冷却迷你白蛋糕。蛋糕冷却后，去掉纸模；将蛋糕上下颠倒放置。
2. 同时，在容量为 2 1/2 夸脱的炖锅中搅打糖胶原料，搅打至顺滑。小火加热至微温后离火。如有必要，加入热水，每次加几滴，直至糖胶可以倒出来。
3. 将蛋糕摆放在冷却架上，每次摆放 1 个，在冷却架下放一个大碗。在蛋糕上倒足够的糖胶以将其顶部和侧面全部覆盖。（糖胶可以重新加热和使用。）
4. 在每个蛋糕顶部中央摆 4 颗巧克力豆，摆成一列。在排成一列的糖两侧各放 1 块迷你椒盐卷饼充当翅膀，轻轻按压牢固。用切短的甘草糖充当触角。

1 个涂抹了糖霜的蛋糕（未装饰）： 能量 120 千卡；总脂肪 2.5 克（饱和脂肪 0.5 克；反式脂肪 0 克）；胆固醇 0 毫克；钠 45 毫克；总碳水化合物 24 克（膳食纤维 0 克）；蛋白质 1 克

甜蜜小贴士

要想蝴蝶翅膀闪闪发亮，可以在椒盐卷饼上刷一点儿糖胶，然后撒上彩色砂糖。

使用蛋糕预拌粉

用一盒白蛋糕预拌粉代替白蛋糕。按照包装盒上的说明用蛋糕预拌粉制作纸杯蛋糕。将面糊平均分到迷你纸模中。烘焙 14～18 分钟，或者烘焙至将牙签插入蛋糕中心后拔出来时表面是干净的。制作糖胶：使用 6 量杯糖粉、1/4 量杯加 2 大勺水、1/4 量杯加 2 小勺浅色玉米糖浆和 1 1/2 小勺杏仁提取物。按照配方的要求在蛋糕上覆盖糖胶，并用 144 颗薄荷糖、96 块薄荷椒盐卷饼和 48 颗蜡笔色糖衣巧克力豆装饰。一共制作 48 个蛋糕。

蜡笔色天使蛋糕

26 个
准备时间：**50 分钟**
制作时间：**1 小时 45 分钟**

蛋糕
1½ 量杯糖粉
1 量杯蛋糕粉或者中筋面粉
1½ 量杯蛋白（需要大约 12 个大号鸡蛋）
1½ 小勺塔塔粉
1 量杯白砂糖
1½ 小勺香草精
½ 小勺杏仁提取物
¼ 小勺盐
黄色、红色和绿色液状食用色素

粉色松软糖霜
松软白糖霜（第 19 页）
4 滴红色食用色素

1. 将烤箱中的烤架移到底层。烤箱预热至 190℃。在 26 个常规大小的麦芬模中分别放入纸模。
2. 在中碗中混合糖粉和面粉，放在一旁备用。用厨师机中速搅打蛋白和塔塔粉，搅打至起泡。将厨师机调至高速，分次加入白砂糖，每次加入 2 大勺，在最后一次加入白砂糖的时候加入香草精、杏仁提取物和盐。继续搅打至蛋白混合物变硬、变光滑。不要搅打不足。
3. 在蛋白混合物上分次撒面粉混合物，每次撒 ¼ 量杯并用橡胶刮刀翻拌至看不见面粉混合物。
4. 将面糊平均分到 3 个碗里。小心地将几滴黄色食用色素翻拌到其中一个碗里，直到得到想要的颜色。分别用红色食用色素和绿色食用色素对剩下的 2 碗面糊进行相同的染色处理。将每种颜色的面糊各舀 2 大勺到每个纸模中，让三种面糊彼此挨着；用小刀在面糊上画一个 S 形，使面糊呈旋涡状。
5. 烘焙 15～20 分钟，或者烘焙至蛋糕的裂缝变干，顶部被轻轻触碰时能弹回。从模具中取出蛋糕，放在冷却架上冷却。
6. 同时，按照配方的要求制作松软白糖霜，不同之处是：在添加玉米糖浆的同时拌入 4 滴红色食用色素。给蛋糕涂抹糖霜。

1 个蛋糕： 能量 110 千卡；总脂肪 0 克（饱和脂肪 0 克；反式脂肪 0 克）；胆固醇 0 毫克；钠 55 毫克；总碳水化合物 25 克（膳食纤维 0 克）；蛋白质 2 克

使用蛋糕预拌粉

用一盒白蛋糕预拌粉代替上面的蛋糕。按照包装盒上的说明用蛋糕预拌粉制作纸杯蛋糕，不同之处是：按照配方第 4 步的要求分面糊并染色；烘焙 13～21 分钟；从模具中取出蛋糕，放在冷却架上完全冷却，大约需要 30 分钟。至于糖霜，用 1 罐打发的、可直接涂抹的松软白糖霜与 4 滴红色食用色素的混合物代替。

甜蜜小贴士

将蛋白放入干净和干燥的碗中，在室温下搅打，能让它的体积更大。不要让打发的蛋白在室温下静置的时间超过 30 分钟。

简单雅致的蛋糕

在特殊的庆祝时刻，要想吸引新娘的目光或者让客人们一饱眼福，你可以制作这些别出心裁的纸杯蛋糕来装点餐盘。从第一章中选一款纸杯蛋糕制作出来，并制作好第 18 页的香草奶油霜糖霜。然后，开始创造这些令人无法抗拒的美食吧！

刺猬蛋糕

制作 2 份糖霜，用蓝色膏状食用色素染成蓝色。在蛋糕上涂抹薄薄一层蓝色糖霜。用装有 9 号圆形裱花嘴的裱花袋将剩下的蓝色糖霜挤在蛋糕上。从边缘开始挤，使第一层尖刺向外越过蛋糕的边缘。继续绕着圈挤出尖刺，使最后几根尖刺立在顶部中央。撒上可食用珍珠糖加以装饰。

迷人玫瑰蛋糕

制作 2 份糖霜，用粉色膏状食用色素染成粉色。用装有 6 号裱花嘴的裱花袋将粉色糖霜挤在蛋糕上，从边缘开始螺旋式往中央挤。将剩下的糖霜染成深粉色。用装有 104 号玫瑰裱花嘴的裱花袋挤出花瓣层层叠叠的玫瑰并摆放到蛋糕上。

蕾丝花瓣蛋糕

用装有 6 号圆形裱花嘴的裱花袋将糖霜挤到蛋糕上。撒上装饰白砂糖。按照包装袋上的说明熔化 14 盎司白色糖衣果片，装入可重复密封保鲜袋中并剪掉其中一个角的尖儿。在蜡纸上挤出 144 片细长的空心花瓣（长 $1\frac{3}{4}$ 英寸）。待这些花瓣凝固后，用它们装饰蛋糕顶部。最后，在蛋糕上系上蝴蝶结。

喜庆草莓蛋糕

用绿色膏状食用色素将糖霜染成绿色。用装有 6 号裱花嘴的裱花袋将绿色糖霜挤在蛋糕上，从边缘开始螺旋式往中央挤，结束于中心的尖顶。将小号红色橡皮糖纵向切成两半充当草莓。用小号圆形裱花嘴将买来的深绿色糖霜挤在草莓上充当花萼。

迷你学位帽蛋糕

72 个
准备时间：**1 小时 15 分钟**
制作时间：**1 小时 45 分钟**

蛋糕
黄蛋糕（第 12 页）
糖霜和装饰
1 盒（4.5 盎司）果汁卷糖（任意口味）或者鞋带形甘草糖
香草奶油霜糖霜（第 18 页）
食用色素
72 块方形酥饼
72 颗糖衣巧克力豆或水果糖

1. 按照配方的要求制作、烘焙和冷却迷你黄蛋糕。（不要去除蛋糕上的纸模，这样后期处理起来更快、更容易，而且更便于携带和食用。）
2. 制作帽穗：从果汁卷糖上剪 72 小段（每段长 $2\frac{1}{2}$ 英寸）下来，将每一小段从一端开始剪成几条，剪到距离另一端 $\frac{1}{2}$ 英寸处不剪。将未剪的一端放在指尖之间卷起来，帽穗就做好了。或者，将几根鞋带形甘草糖剪成长 $2\frac{1}{2}$ 英寸的小段。
3. 按照配方的要求制作香草奶油霜糖霜。用食用色素将糖霜染成与蛋糕相配的颜色。
4. 在酥饼底部涂抹糖霜，再在糖霜中央放 1 颗糖。将蛋糕上下颠倒放置，在每个蛋糕的底部（现在朝上了）放一小团糖霜，再将酥饼放在上面（没涂抹糖霜的一面朝下）。将果汁卷糖未剪的一端或者 3～4 根剪成小段的甘草糖的一端挨着酥饼中心的糖按入糖霜。

1个蛋糕： 能量 100 千卡；总脂肪 5 克（饱和脂肪 3.5 克；反式脂肪 0 克）；胆固醇 15 毫克；钠 95 毫克；总碳水化合物 14 克（膳食纤维 0 克）；蛋白质 1 克

甜蜜小贴士

在举办毕业派对时，可以使用颜色与学校的代表色相配的纸模来制作这款纸杯蛋糕供客人们享用。

花朵蛋糕

24 个
准备时间：**1 小时 10 分钟**
制作时间：**2 小时 25 分钟**

蛋糕
白蛋糕（第 14 页）
糖霜
香草奶油霜糖霜（第 18 页）
装饰
30 颗大号棉花糖
彩色砂糖
生日蜡烛，可选

1. 按照配方的要求制作、烘焙和冷却白蛋糕。
2. 按照配方的要求制作香草奶油霜糖霜。给蛋糕涂抹糖霜。
3. 用厨房剪刀将每一颗棉花糖横向剪成 4 片。在每一片上都撒上彩色砂糖。在每个蛋糕上放 5 片棉花糖，摆成花朵的形状。在每朵花的中央插一支蜡烛。

1 个涂抹了糖霜的蛋糕（未装饰）： 能量 340 千卡；总脂肪 12 克（饱和脂肪 5 克；反式脂肪 1.5 克）；胆固醇 15 毫克；钠 160 毫克；总碳水化合物 56 克（膳食纤维 0 克）；蛋白质 2 克

甜蜜小贴士

可以在剪刀的刃上喷洒一些烹饪喷雾剂，以防棉花糖粘在上面。

使用蛋糕预拌粉

用一盒白蛋糕预拌粉代替白蛋糕。按照包装盒上的说明用蛋糕预拌粉制作纸杯蛋糕。至于糖霜，用 1 罐可直接涂抹的香草奶油霜或奶油白糖霜代替。按照配方的要求涂抹糖霜和装饰。

婚礼蛋糕

26 个

准备时间：**1 小时 15 分钟**

制作时间：**4 小时 5 分钟**

馅料

1 个鸡蛋加 3 个蛋黄

½ 量杯白砂糖

1½ 小勺很细的柠檬皮屑

⅓ 量杯新鲜柠檬汁（取自 2 个中等大小的柠檬）

⅛ 小勺盐

¼ 量杯冰冷的黄油或人造黄油，切碎

蛋糕

白蛋糕（第 14 页）

糖霜

1½ 量杯黄油或人造黄油，软化

1 小勺犹太盐（粗盐）

2 大勺牛奶

2 大勺新鲜柠檬汁

4 小勺柠檬皮屑

3 小勺香草精

5 量杯糖粉

装饰

可食用珍珠糖或者装饰砂糖，可选

1 袋（16 盎司）糖稀片或者糖衣果片

1. 在容量为 2 夸脱的炖锅中，用打蛋器混合除黄油之外的所有馅料原料。中火加热至即将沸腾，不停搅拌；煮 4～5 分钟或者直至混合物变浓稠，能附着在木勺的勺背上。用滤网过滤到小碗中。用打蛋器打入黄油。将保鲜膜直接盖在柠檬凝乳馅料的表面，放入冰箱冷藏至少 3 小时。这种馅料最多可以冷藏保存 1 周。

2. 烤箱预热至 180°C。在 26 个常规大小的麦芬模中分别放入纸模。按照配方的要求制作、烘焙和冷却白蛋糕。

3. 用勺子将馅料舀到装有 6 号圆形裱花嘴的裱花袋中。将裱花嘴插入已冷却的蛋糕的中心（大约伸入一半）。轻轻挤压裱花袋，同时向上拉，直至蛋糕稍稍膨胀、馅料堆积在顶部。

4. 用厨师机高速搅打所有的糖霜原料，搅打 3 分钟，或者搅打至顺滑、混合均匀。想要糖霜既顺滑又硬挺，可以加入更多柠檬汁，每次加 1 小勺。

5. 用勺子将糖霜舀到装有 7 号裱花嘴的裱花袋中，挤出厚厚一圈糖霜，注意要在蛋糕四周留出 ¼ 英寸宽的空白。撒上可食用珍珠糖。

6. 按照包装袋上的说明熔化糖稀片。将熔化的糖稀倒在可重复密封保鲜袋中，封好袋口。将保鲜袋剪掉一个小角。轻轻挤压，在蜡纸上画出 50 颗空心的心。放入冰箱冷藏 10 分钟，使其凝固。每个蛋糕用 2 颗心装饰。放入冰箱冷藏储存。

1 个蛋糕： 能量 390 千卡；总脂肪 19 克（饱和脂肪 10 克；反式脂肪 1.5 克）；胆固醇 65 毫克；钠 260 毫克；总碳水化合物 51 克（膳食纤维 0 克）；蛋白质 3 克

甜蜜小贴士

如果你需要更多蛋糕，可以成倍增加配方中各种原料的用量。不推荐非成倍增加用量，因为那样无法获得最佳效果。

香草马蹄莲蛋糕

36 个
准备时间：**1 小时 10 分钟**
制作时间：**6 小时 20 分钟**

2 盎司香草味杏仁膏
1 大勺浅色玉米糖浆
6 颗小号黄色橡皮糖
白蛋糕（第 14 页）
4 根香草荚，对半剖开，刮出香草籽
½ 小勺香草精
香草奶油霜糖霜（第 18 页）
绿色装饰糖霜

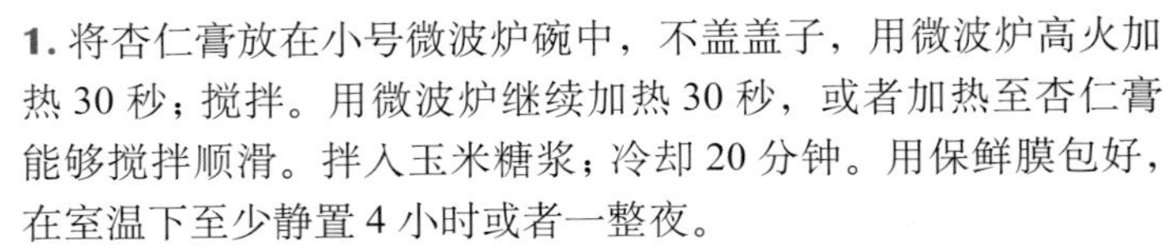

1. 将杏仁膏放在小号微波炉碗中，不盖盖子，用微波炉高火加热 30 秒；搅拌。用微波炉继续加热 30 秒，或者加热至杏仁膏能够搅拌顺滑。拌入玉米糖浆；冷却 20 分钟。用保鲜膜包好，在室温下至少静置 4 小时或者一整夜。
2. 按照下一页的说明制作马蹄莲。
3. 按照配方的要求制作白蛋糕，不同之处是：在 18 个常规大小的麦芬模中分别放入纸模，在 18 个迷你麦芬模中分别放入迷你纸模；将白糖加到起酥油里之前，将白糖放入中碗中，用打蛋器拌入从 2 根香草荚中刮出的香草籽和香草精，搅拌均匀。
4. 将面糊舀到各个纸模中，每个纸模中的面糊大约占纸模容量的 ⅔。
5. 常规大小的蛋糕烘焙 18 ~ 20 分钟，迷你蛋糕烘焙 12 ~ 16 分钟，或者烘焙至将牙签插入蛋糕中心后拔出来时表面是干净的。让蛋糕在模具中冷却 5 分钟。从模具中取出蛋糕，放在冷却架上冷却。
6. 同时，按照配方的要求制作香草奶油霜糖霜，不同之处是：用打蛋器将剩下的 2 根香草荚中的香草籽拌入糖粉中，搅拌均匀。按照配方的要求继续制作。给每个蛋糕涂抹满满 2 大勺糖霜。在每个蛋糕上放 1 朵马蹄莲。用绿色装饰糖霜在常规大小的蛋糕上添加枝叶。

1 个蛋糕： 能量 370 千卡；总脂肪 13 克（饱和脂肪 6 克；反式脂肪 1.5 克）；胆固醇 15 毫克；钠 170 毫克；总碳水化合物 59 克（膳食纤维 0 克）；蛋白质 3 克

甜蜜小贴士

马蹄莲冷却 1 小时之后，你可以将花瓣的边缘稍稍弄成波浪形。马蹄莲最多可以提前一周做好，储存在密封容器中。

制作马蹄莲

1. 将杏仁膏混合物揉光滑。

2. 用手指将 1/4 小勺混合物按成圆形，使其大约 1/8 英寸厚。

3. 将圆形下半部分的两边折在一起，稍稍重叠。

4. 将每颗橡皮糖纵向切成两半，再将每一半切成 3 片。

5. 将切成片的橡皮糖插入花中充当花蕊，使橡皮糖有白糖的一面朝上。

白上加白蛋糕

24个
准备时间：**1小时10分钟**
制作时间：**2小时5分钟**

蛋糕
白蛋糕（第14页）
糖霜
松软白糖霜（第18页）
装饰
1袋（4盎司）白巧克力
1大勺糖粉

1. 按照配方的要求制作、烘焙和冷却白蛋糕。
2. 制作白巧克力卷：用蔬菜削皮器沿白巧克力的边缘向下刨，要将白巧克力卷刨得又长又细。
3. 按照配方的要求制作松软白糖霜。给蛋糕涂抹糖霜。用牙签挑起白巧克力卷，在每个蛋糕上摆放大约2小勺白巧克力卷。用小滤网轻轻将糖粉筛到蛋糕上。

1个蛋糕： 能量230千卡；总脂肪8克（饱和脂肪2.5克；反式脂肪1克）；胆固醇0毫克；钠140毫克；总碳水化合物36克（膳食纤维0克）；蛋白质3克

甜蜜小贴士

如果你只有一个麦芬12连模，可以在烤第一批蛋糕的时候将剩余的面糊盖好并放入冰箱冷藏。之后用已经冷却的烤盘烘焙剩下的面糊，记住要将烘焙时间增加1～2分钟。

使用蛋糕预拌粉

用一盒白蛋糕预拌粉代替白蛋糕。按照包装盒上的说明用蛋糕预拌粉制作纸杯蛋糕。按照配方的说明制作白巧克力卷。至于糖霜，用1罐打发的、可直接涂抹的松软白糖霜代替。按照配方的要求涂抹糖霜和装饰。

字母奶油馅蛋糕

24 个

准备时间：**55 分钟**

制作时间：**1 小时 55 分钟**

蛋糕

巧克力蛋糕（第 13 页）

馅料

1 量杯打发的、可直接涂抹的香草奶油霜

½ 量杯棉花糖酱

糖霜

1 量杯打发的、可直接涂抹的巧克力奶油霜

½ 量杯半甜巧克力豆

2 小勺浅色玉米糖浆

装饰

3 大勺打发的、可直接涂抹的香草奶油霜

1. 按照配方的要求制作、烘焙和冷却巧克力蛋糕。

2. 用木勺的圆柄末端在每个蛋糕顶部的中央挖一个直径 ½ 英寸的坑，但是不要挖得太靠近底部（扭动勺子，使坑足够大）。在小碗中混合 1 量杯香草奶油霜和棉花糖酱。用勺子将混合物舀到小号可重复密封保鲜袋中。从保鲜袋底部的一角剪掉一个 ⅜ 英寸的尖儿，再将这个角插入蛋糕上的坑中；挤压保鲜袋，填充蛋糕。

3. 将巧克力奶油霜、巧克力豆和玉米糖浆放在小号微波炉碗中，不盖盖子，用微波炉高火加热 30 秒；搅拌。用微波炉继续加热 15 ~ 30 秒，搅拌至顺滑。将每个蛋糕的顶部浸入糖霜中。取出后静置至糖霜凝固。

4. 用勺子舀 3 大勺香草奶油霜到另一个小号可重复密封保鲜袋中。从保鲜袋底部的一角剪掉一个小尖儿，在每个蛋糕上挤出大写花体字母。

1 个蛋糕：能量 260 千卡；总脂肪 12 克（饱和脂肪 3.5 克；反式脂肪 2 克）；胆固醇 20 毫克；钠 210 毫克；总碳水化合物 37 克（膳食纤维 1 克）；蛋白质 2 克

甜蜜小贴士

你也可以用挖球器从蛋糕上挖走一小块，在挖出的坑里填充馅料。

使用蛋糕预拌粉

用一盒魔鬼蛋糕预拌粉代替巧克力蛋糕。按照包装盒上的说明用蛋糕预拌粉制作纸杯蛋糕。按照配方的要求涂抹糖霜和装饰。

婴儿摇铃蛋糕

24 个
准备时间：**1 小时 5 分钟**
制作时间：**2 小时 5 分钟**

蛋糕
黄蛋糕（第 12 页）
糖霜
香草奶油霜糖霜（第 18 页）
装饰
黄色和绿色的装饰糖霜
装饰糖，可选
蜡笔色缎带或者彩带（宽 1/4 英寸），剪成 24 根长 12 英寸的段，可选
24 根棒棒糖纸棍
24 颗小号橡皮糖

1. 按照配方的要求制作、烘焙和冷却黄蛋糕。
2. 按照配方的要求制作香草奶油霜糖霜。给蛋糕涂抹糖霜。将黄色和绿色的装饰糖霜挤在蛋糕上，挤出各种图案。按照自己的喜好用装饰糖装饰蛋糕。
3. 在每个蛋糕的侧面用牙签戳一个洞。在每根棒棒糖纸棍的中部用缎带或者彩带系一个蝴蝶结。在每根纸棍的一端插一颗橡皮糖，并将另一端插入蛋糕侧面的洞中（在糖霜下方），婴儿摇铃蛋糕就做好了。

1 个涂抹了糖霜的蛋糕（未装饰）：能量 340 千卡；总脂肪 14 克（饱和脂肪 8 克；反式脂肪 0.5 克）；胆固醇 60 毫克；钠 230 毫克；总碳水化合物 50 克（膳食纤维 0 克）；蛋白质 2 克

甜蜜小贴士

用棒棒糖代替纸棍和橡皮糖，会让这款蛋糕的制作变得超级简单哦。

使用蛋糕预拌粉

用一盒黄蛋糕预拌粉代替黄蛋糕。按照包装盒上的说明用蛋糕预拌粉制作纸杯蛋糕。至于糖霜，用 1 罐可直接涂抹的香草奶油霜或者奶油白糖霜代替。按照配方的要求涂抹糖霜和装饰。

婴儿靴蛋糕

16 个
准备时间：**1 小时 5 分钟**
制作时间：**2 小时 5 分钟**

蛋糕
白蛋糕（第 14 页）
糖霜
香草奶油霜糖霜（第 18 页）
装饰
条形酸糖
装饰糖

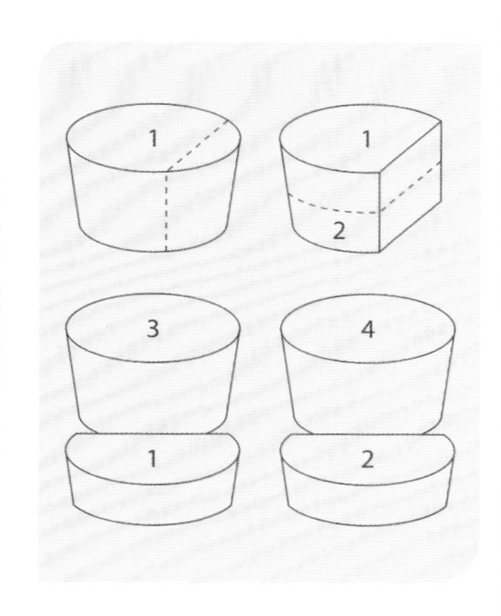

使用蛋糕预拌粉

用一盒白蛋糕预拌粉代替白蛋糕。按照包装盒上的说明用蛋糕预拌粉制作纸杯蛋糕。至于糖霜，用 2 罐打发的、可直接涂抹的香草奶油霜代替。按照配方的要求涂抹糖霜和装饰。

1. 按照配方的要求制作、烘焙和冷却白蛋糕；按照自己的喜好给蛋糕上色。
2. 同时，按照配方的要求制作香草奶油霜糖霜。按照自己的喜好给糖霜上色。
3. 拿掉蛋糕上的纸模，将 2 个蛋糕上下颠倒分别放在 2 个盘子里。将第三个蛋糕从侧面切掉一小块，再将剩下的部分水平切成两半。如左图所示，让其中一半的切面贴着一个盘子中的蛋糕，让另外一半的切面贴着另一个盘子中的蛋糕。用同样的方法处理剩下的蛋糕。
4. 给蛋糕涂抹糖霜。用糖霜在蛋糕前端做出鞋尖。把条形酸糖切成细条，制作蝴蝶结。用装饰糖装饰蛋糕。

1 个涂抹了糖霜的蛋糕（未装饰）：能量 520 千卡；总脂肪 18 克（饱和脂肪 8 克；反式脂肪 2 克）；胆固醇 20 毫克；钠 250 毫克；总碳水化合物 84 克（膳食纤维 0 克）；蛋白质 4 克

甜蜜小贴士

希望制作出粉色或者黄色的婴儿靴蛋糕？在糖霜中拌入几滴食用色素就可以得到你想要的颜色了。

向日葵蛋糕

24 个
准备时间：**1 小时 15 分钟**
制作时间：**2 小时 20 分钟**

蛋糕
黄蛋糕（第 12 页）
馅料
$\frac{1}{3}$ 量杯柠檬凝乳
1 块（3 盎司）奶油奶酪，软化
糖霜和装饰
松软白糖霜（第 19 页）
黄色食用色素
4～5 管（每管 4.25 盎司）黄色装饰糖霜
$\frac{1}{2}$ 量杯迷你半甜巧克力豆
条形酸糖，可选

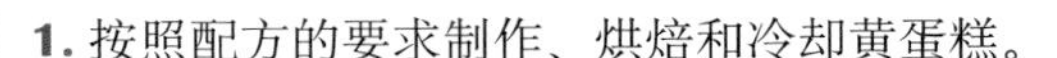

1. 按照配方的要求制作、烘焙和冷却黄蛋糕。
2. 用木勺的圆柄末端在每个蛋糕顶部的中央挖一个直径 $\frac{3}{4}$ 英寸的坑，但是不要挖得太靠近底部（扭动勺子，使坑足够大）。
3. 用厨师机中速搅打柠檬凝乳和奶油奶酪，搅打均匀。用勺子将馅料舀到小号可重复密封保鲜袋中，封好袋口。从保鲜袋底部的一角剪掉一个 $\frac{3}{8}$ 英寸的尖儿，再将这个角插入蛋糕上的坑中；挤压保鲜袋，填充蛋糕。
4. 按照配方的要求制作松软白糖霜。在糖霜中拌入 4 滴食用色素，搅拌至糖霜成为浅黄色。给蛋糕涂抹糖霜。
5. 将未开封的装饰糖霜放入装有热水的玻璃杯中，浸泡 15 分钟。从水中取出，擦干，用双手轻轻揉软。安装好叶子形裱花嘴，从蛋糕的外边缘向中心挤两圈叶子；在蛋糕中心留出 $\frac{1}{4}$ 的区域，涂抹松软白糖霜。用勺子舀 1 小勺巧克力豆小心地放到每个蛋糕的中心，稍稍按入糖霜中。
6. 将蛋糕摆放在上菜盘里，用条形酸糖制作茎和叶子。冷藏至准备食用。如当天不食用，就放在冰箱中冷藏保存。

1 个蛋糕： 能量 350 千卡；总脂肪 15 克（饱和脂肪 10 克；反式脂肪 0 克）；胆固醇 55 毫克；钠 210 毫克；总碳水化合物 50 克（膳食纤维 0 克）；蛋白质 3 克

甜蜜小贴士

你可以在超市的烘焙用品货架上或者陈列果酱和果冻的货架上找到柠檬凝乳，它是用柠檬汁、蛋黄、黄油和白糖做成的，又甜又酸。

使用蛋糕预拌粉

用一盒黄蛋糕预拌粉代替黄蛋糕。按照包装盒上的说明用蛋糕预拌粉制作纸杯蛋糕。至于糖霜，用 1 罐打发的、可直接涂抹的松软白糖霜代替。按照配方的要求涂抹糖霜和装饰。

酸橙蛋糕

48 个
准备时间：**55 分钟**
制作时间：**2 小时**

装饰配料

1 盒（4 人份）香草布丁粉
$1\frac{1}{2}$ 量杯淡奶油
$\frac{1}{4}$ 量杯酸橙汁
4 滴绿色食用色素
$1\frac{1}{2}$ 量杯糖粉

蛋糕

1盒配有布丁粉的黄蛋糕预拌粉
蛋糕预拌粉包装盒上要求的水、植物油和鸡蛋

糖霜

1 罐（12 盎司）打发的、可直接涂抹的松软白糖霜
1 大勺酸橙汁
$\frac{1}{2}$ 小勺酸橙皮屑
小片新鲜酸橙

1. 在大碗中用打蛋器搅打布丁粉和淡奶油，搅打 2 分钟。静置 3 分钟。打入 $\frac{1}{4}$ 量杯酸橙汁和食用色素；拌入糖粉，搅打至顺滑。盖上盖子，放入冰箱冷藏。
2. 烤箱预热至 190℃。在 24 个常规大小的麦芬模中分别放入纸模。按照蛋糕预拌粉包装盒上的说明用水、油和鸡蛋制作面糊。舀满满 1 大勺面糊到每个纸模中（每个纸模中的面糊大约占纸模容量的 $\frac{1}{3}$），一共使用面糊总量的 $\frac{1}{2}$ 左右，将剩下的面糊放入冰箱冷藏。
3. 烘焙 12～16 分钟，或者烘焙至将牙签插入蛋糕中心后拔出来时表面是干净的。从模具中取出蛋糕，放在冷却架上冷却。用同样的方法处理剩下的面糊。
4. 拿掉蛋糕上的纸模，在每个蛋糕的顶部挤大约 2 小勺装饰配料，要挤成螺旋形。
5. 将罐子中的糖霜搅拌 20 次。缓缓拌入 1 大勺酸橙汁和酸橙皮屑。将糖霜舀到容量为 1 夸脱的可重复密封保鲜袋中。在保鲜袋底部的一角剪一个宽 $\frac{1}{2}$ 英寸的开口。从保鲜袋中挤满满 1 小勺糖霜到装饰配料上。用酸橙片装饰。放入冰箱冷藏保存。

1 个蛋糕： 能量 140 千卡；总脂肪 6 克（饱和脂肪 2.5 克；反式脂肪 0.5 克）；胆固醇 25 毫克；钠 115 毫克；总碳水化合物 19 克（膳食纤维 0 克）；蛋白质 0 克

甜蜜小贴士

请到商店里购买新鲜的酸橙来榨汁。你需要 $\frac{1}{3}$ 量杯酸橙汁，大约要买 5 个酸橙。

时尚蛋糕

27个

准备时间：**1小时55分钟**

制作时间：**2小时55分钟**

蛋糕

白蛋糕（第14页）

1量杯牛奶

1袋（6盎司）新鲜覆盆子

覆盆子奶油霜糖霜

香草奶油霜糖霜（第18页）

3～5大勺覆盆子汁

红色食用色素

粉色装饰砂糖

巧克力小提包装饰

线形甘草糖，剪成27段（每段长1½英寸）

白色装饰糖霜

27块丝滑牛奶巧克力，去掉包装

各种各样的小装饰物，可选

1. 按照配方的要求制作白蛋糕，不同之处是：在27个常规大小的麦芬模中分别放入纸模；使用1量杯牛奶，并用叉子将覆盆子稍稍捣碎；将覆盆子碎加入面糊中，翻拌均匀。

2. 将面糊平均分到各个纸模中，每个纸模中的面糊大约占纸模容量的⅔。

3. 烘焙22～24分钟，或者烘焙至将牙签插入蛋糕中心后拔出来时表面是干净的。让蛋糕在模具中冷却5分钟；从模具中取出蛋糕，放在冷却架上冷却。

4. 同时，按照配方的要求制作香草奶油霜糖霜，不同之处是：用覆盆子汁代替香草精和牛奶；拌入2滴红色食用色素。给每个蛋糕涂抹2大勺糖霜。把粉色装饰砂糖倒在小盘子中，将蛋糕的边缘在砂糖中滚一圈。

5. 将1小段甘草糖弄弯按入1个蛋糕中充当小提包的提手。在1块巧克力的正面挤一些装饰糖霜；将一些小装饰物稍稍按入装饰糖霜。将巧克力放在蛋糕上充当小提包的包身，稍稍盖住甘草糖的两端。用同样的方法处理剩下的甘草糖、巧克力和蛋糕。

1个蛋糕： 能量310千卡；总脂肪11克（饱和脂肪4.5克；反式脂肪1克）；胆固醇15毫克；钠150毫克；总碳水化合物51克（膳食纤维0克）；蛋白质2克

使用蛋糕预拌粉

用一盒白蛋糕预拌粉代替白蛋糕。按照包装盒上的说明用蛋糕预拌粉制作纸杯蛋糕，不同之处是：使用1量杯水、⅓量杯植物油和3个蛋白；用叉子将1袋（6盎司）新鲜覆盆子稍稍捣碎；将覆盆子碎加入面糊中，翻拌均匀。按照包装盒上的说明烘焙和冷却。按照配方的要求涂抹糖霜和装饰。

甜蜜小贴士

食用的时候，将这些蛋糕放在马提尼杯中，看起来赏心悦目哦。

迷你樱桃蛋糕

72 个
准备时间：**35 分钟**
制作时间：**1 小时 45 分钟**

蛋糕
黄蛋糕（第 12 页）
1 盒（0.14 盎司）樱桃味无糖软性混合饮料
1 小勺杏仁提取物
糖胶
8 量杯（2 磅）糖粉
½ 量杯水
½ 量杯浅色玉米糖浆
2 小勺杏仁提取物
2～3 小勺热水
装饰
迷你红色心形糖或者其他装饰糖

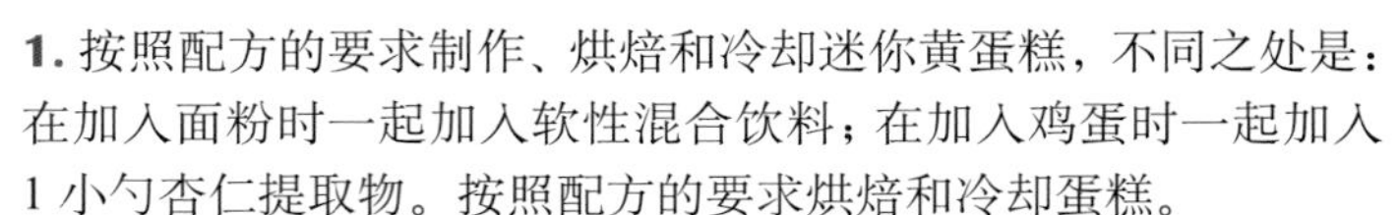

1. 按照配方的要求制作、烘焙和冷却迷你黄蛋糕，不同之处是：在加入面粉时一起加入软性混合饮料；在加入鸡蛋时一起加入 1 小勺杏仁提取物。按照配方的要求烘焙和冷却蛋糕。
2. 在冷却架下面放烤盘或者蜡纸，用来接住滴下来的糖胶。在容量为 3 夸脱的炖锅中，混合除热水之外的所有糖胶原料。小火加热，时常搅拌，直至糖粉完全溶解。离火。拌入 2 小勺热水。如有必要，最多再拌入 1 小勺热水，使糖胶刚够覆盖所有蛋糕。
3. 将每个蛋糕上下颠倒放在冷却架上。在每个蛋糕上淋 1 大勺糖胶，让糖胶也覆盖蛋糕的侧面。静置至糖胶凝固，大约需要 15 分钟。用心形糖或者其他装饰糖点缀每个蛋糕的顶部。

1 个蛋糕： 能量 110 千卡；总脂肪 3 克（饱和脂肪 1.5 克；反式脂肪 0 克）；胆固醇 15 毫克；钠 65 毫克；总碳水化合物 21 克（膳食纤维 0 克）；蛋白质 0 克

甜蜜小贴士

派对的完美选择！你可以提前 2 周烘焙好这些迷你蛋糕并冷冻起来，到了开派对的时候再淋上糖胶。

使用蛋糕预拌粉

在 60 个迷你麦芬模中分别放入迷你纸模。用一盒黄蛋糕预拌粉代替黄蛋糕。按照包装盒上的说明用蛋糕预拌粉制作蛋糕，不同之处是：添加 1 盒（0.14 盎司）樱桃味无糖软性混合饮料和 1 小勺杏仁提取物。将面糊平均分到各个纸模中，每个纸模中的面糊大约占纸模容量的 ½。（如果只使用 1 个麦芬连模，就在烘焙一批蛋糕的时候将剩下的面糊放入冰箱冷藏。）烘焙 10～13 分钟，或者烘焙至将牙签插入蛋糕中心后拔出来时表面是干净的。按照配方的要求淋糖胶和装饰。一共制作 60 个迷你蛋糕。

三奶蛋糕

24 个
准备时间：**1 小时 10 分钟**
制作时间：**3 小时 45 分钟**

蛋糕
白蛋糕（第 14 页）
1 小勺朗姆精
¾ 量杯细细切碎的美洲山核桃
浸泡混合物
⅔ 量杯罐装甜炼乳（不是淡奶）
¼ 量杯罐装椰奶（不是椰浆）
朗姆打发奶油
1 品脱（2 量杯）重奶油
1 小勺朗姆精
装饰
1 量杯椰丝
½ 量杯美洲山核桃碎

1. 按照配方的要求制作、烘焙和冷却白蛋糕，不同之处是：用 1 小勺朗姆精代替 2½ 小勺香草精，并拌入 ¾ 量杯细细切碎的美洲山核桃。将面糊平均分到各个纸模中，每个纸模中的面糊大约占纸模容量的 ⅔。
2. 烘焙 18～20 分钟，或者烘焙至将牙签插入蛋糕中心后拔出来时表面是干净的。让蛋糕在模具中冷却 5 分钟。从模具中取出蛋糕，放在冷却架上冷却。继续冷却 10 分钟。
3. 用长齿叉子在蛋糕顶部每隔 ½ 英寸戳一下。不时擦一下叉子，把叉子擦干净。将蛋糕分别放入甜品杯中。在小碗中，用打蛋器搅拌甜炼乳和椰奶，搅拌至顺滑。舀 2 小勺浸泡混合物缓缓地、均匀地淋到每个蛋糕的顶部，使混合物渗入叉子戳出的小洞中并从蛋糕侧面流出。盖好，放入冰箱冷藏至少 2 小时或者一整夜，直至混合物被蛋糕完全吸收。
4. 在中等大小的深碗中，用手持式搅拌器高速搅打重奶油和 1 小勺朗姆精，搅打至硬性发泡。在每个蛋糕上涂抹满满 2 大勺朗姆打发奶油；用 2 小勺椰丝和 1 小勺美洲山核桃碎装饰。

1 个蛋糕： 能量 340 千卡；总脂肪 21 克（饱和脂肪 9 克；反式脂肪 1.5 克）；胆固醇 30 毫克；钠 150 毫克；总碳水化合物 33 克（膳食纤维 1 克）；蛋白质 4 克

甜蜜小贴士

将这些可口的纸杯蛋糕放在精致的点心盘中享用，乐趣无穷哦。

香蕉乌龟蛋糕

24 个
准备时间：**55 分钟**
制作时间：**2 小时**

蛋糕
巧克力蛋糕（第 13 页）
3/4 量杯细细切碎的美洲山核桃
1 品脱（2 量杯）重奶油
焦糖酱
1/4 量杯黄油
1/2 量杯红糖，压实
2 大勺浅色玉米糖浆
1 大勺牛奶
装饰配料
2 根中等大小的香蕉
12 颗美洲山核桃，分别切成两半

1. 按照配方的要求制作巧克力蛋糕，不同之处是：在面糊中拌入 3/4 量杯美洲山核桃碎。按照配方的要求烘焙和冷却。
2. 将厨师机的搅拌碗放入冰箱冷藏至冰凉，然后放入重奶油，用厨师机高速搅打至硬性发泡；放在一旁备用。将蛋糕水平切成两半备用。
3. 在容量为 1 夸脱的炖锅中，中高火熔化黄油。拌入红糖、玉米糖浆和牛奶。冷却 5 分钟。
4. 在每个蛋糕的下半部分上面涂抹满满 1 大勺打发的奶油。将香蕉切成薄片，在每个蛋糕上的打发奶油上放 3 片。淋 1 小勺焦糖酱，将蛋糕的上半部分放上去。将剩下的打发奶油涂抹在蛋糕顶部；淋 1 小勺焦糖酱。每个蛋糕用半颗美洲山核桃装饰。

1 个蛋糕： 能量 320 千卡；总脂肪 20 克（饱和脂肪 8 克；反式脂肪 1.5 克）；胆固醇 50 毫克；钠 200 毫克；总碳水化合物 31 克（膳食纤维 2 克）；蛋白质 3 克

使用蛋糕预拌粉

用一盒魔鬼蛋糕预拌粉代替巧克力蛋糕。按照包装盒上的说明用蛋糕预拌粉制作蛋糕，不同之处是：将 3/4 量杯细细切碎的美洲山核桃和 1½ 大勺面粉摇晃均匀，拌入面糊中。按照包装盒上的说明烘焙和冷却。按照配方的要求继续制作。

烈火雪山冰激凌蛋糕

24 个

准备时间：**50 分钟**

制作时间：**3 小时 45 分钟**

蛋糕

白蛋糕（第 14 页）

1 夸脱草莓冰激凌，软化

蛋白霜

4 个蛋白

1/4 小勺塔塔粉

1 1/2 小勺香草精

2/3 量杯白糖

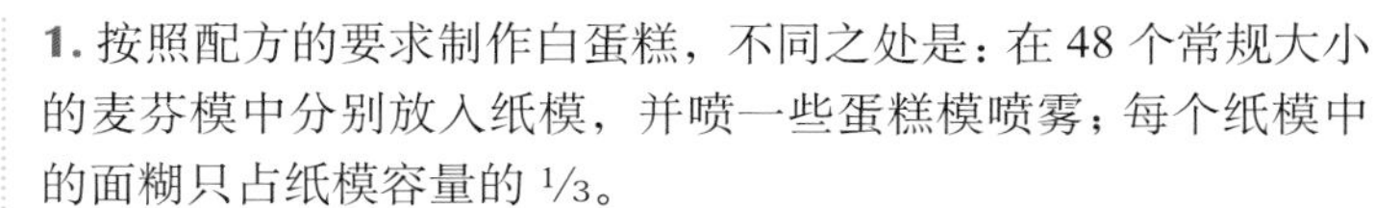

1. 按照配方的要求制作白蛋糕，不同之处是：在 48 个常规大小的麦芬模中分别放入纸模，并喷一些蛋糕模喷雾；每个纸模中的面糊只占纸模容量的 1/3。

2. 烘焙 10 ~ 14 分钟，或者烘焙至将牙签插入蛋糕中心后拔出来时表面是干净的。让蛋糕在模具中冷却 5 分钟。从模具中取出蛋糕，放在冷却架上冷却。

3. 在保鲜袋中放 24 个蛋糕，冷冻起来下次再用。在剩下的 24 个蛋糕的顶部分别涂抹满满 2 大勺冰激凌。盖好，冷冻至少 2 个小时，或者冷冻一整夜，直至冰激凌变硬。

4. 烤箱预热至 230°C。用厨师机高速搅打蛋白、塔塔粉和香草精，搅打至硬性发泡。分次加入白糖，每次加入 1 大勺，搅打至蛋白霜硬性发泡并且变光滑。将蛋白霜涂抹在顶部覆有冰激凌的蛋糕上。

5. 烘焙 2 ~ 3 分钟，或烘焙至蛋白霜稍稍变成棕色。立即食用。

1个蛋糕： 能量 250 千卡；总脂肪 9 克（饱和脂肪 3.5 克；反式脂肪 1 克）；胆固醇 10 毫克；钠 150 毫克；总碳水化合物 36 克（膳食纤维 0 克）；蛋白质 4 克

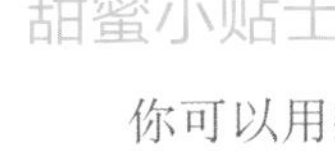

甜蜜小贴士

你可以用剩下的蛋糕为下一次聚会制作这款纸杯蛋糕，也可以将它们和你喜欢的冰激凌、打发奶油和装饰配料搭配在一起制作多层甜点。

香蕉咖啡焦糖蛋糕

（安娜·金斯伯格，得克萨斯州奥斯汀市，“我为饼干狂”，www.cookiemadness.net）

22 个

准备时间：**55 分钟**

制作时间：**2 小时 35 分钟**

蛋糕

2 小勺速溶咖啡颗粒
1 大勺开水
2 量杯中筋面粉
1 小勺小苏打
½ 小勺盐
½ 量杯无盐黄油，软化
1½ 量杯白砂糖
3 根中等大小的香蕉，捣成泥（1½ 量杯）
1 小勺香草精
2 个鸡蛋
1 量杯酸奶油

焦糖馅料

½ 量杯白砂糖
2 大勺水
¼ 量杯无盐黄油，软化
¼ 量杯淡奶油
1 小勺香草精
1/8 小勺盐

咖啡糖霜

¼ 量杯牛奶
2 大勺加 1 小勺速溶咖啡颗粒
½ 量杯无盐黄油，软化
3¾ 量杯糖粉

装饰

1 量杯淡奶油，打发
覆有巧克力的咖啡豆，可选

1. 烤箱预热至 180°C。在 22 个常规大小的麦芬模中分别放入纸模。用 1 大勺开水溶解 2 小勺咖啡颗粒；放在一旁备用。在小碗中将面粉、小苏打和 ½ 小勺盐搅拌在一起；放在一旁备用。

2. 用厨师机高速搅打 ½ 量杯黄油和 1½ 量杯白砂糖，搅打大约 2 分钟。打入香蕉泥和 1 小勺香草精。加入鸡蛋；继续高速搅打 1 分钟，不时将粘在碗壁上的混合物刮下来。用勺子搅打或者用厨师机低速搅打，交替加入面粉混合物和酸奶油，搅打均匀。拌入咖啡混合物。将面糊平均分到各个纸模中。

3. 烘焙 22～25 分钟，或者烘焙至将牙签插入蛋糕中心后拔出来时表面是干净的。

4. 同时，在容量为 1 夸脱的厚底炖锅中中火加热 ½ 量杯白砂糖和 2 大勺水；绕着圈搅拌，直至白砂糖完全溶解。转至大火；盖上盖子，使糖浆保持沸腾状态 2 分钟。揭开盖子，使糖浆继续保持沸腾状态，直至变成深琥珀色。离火。加入 ¼ 量杯黄油，搅打至顺滑。再打入 ¼ 量杯淡奶油。用打蛋器打入 1 小勺香草精和 1/8 小勺盐。让焦糖馅料完全冷却。

5. 用微波炉高火加热牛奶，加热 40 秒或者加热至牛奶开始沸腾。拌入 2 大勺加 1 小勺咖啡颗粒，搅拌至完全溶解；放在一旁备用。用厨师机低速搅打 ½ 量杯黄油和 ½ 量杯糖粉，搅打至混合均匀。慢慢打入剩下的糖粉。加入 ½ 的牛奶混合物，将厨师机调至高速搅打。加入剩下的牛奶混合物，搅打至顺滑。

6. 用挖球器在每个蛋糕中央挖一个坑，要挖到接近蛋糕底部。舀满满 1 小勺焦糖馅料到每个坑中。剩下的焦糖馅料留着备用。

7. 给每个蛋糕涂抹咖啡糖霜，再用打发的奶油装饰顶部；淋上预留的焦糖馅料。最后用咖啡豆点缀蛋糕。

1 个蛋糕：能量 380 千卡；总脂肪 18 克（饱和脂肪 11 克；反式脂肪 0.5 克）；胆固醇 70 毫克；钠 135 毫克；总碳水化合物 52 克（膳食纤维 1 克）；蛋白质 2 克

特殊的招待创意和礼物

展示纸杯蛋糕

当你已经为一个特殊场合制作了一些十分特殊的纸杯蛋糕，你必须炫耀一下！下面是一些展示你那些令人垂涎的作品的方法。

- 纸杯蛋糕架、带底座的纸杯蛋糕托和纸杯蛋糕塔可以将你那些小小的蛋糕气派地展示在大家面前，它们在烘焙用品专卖店或者网上都可以买到。你也可以使用多层糕点盘。
- 你可以在浅篮子中垫上老式洗碗布或者亚麻餐巾，将纸杯蛋糕摆放在里面。你也可以使用浅木盒——心形木盒对婚礼、送礼聚会或者情人节来说再合适不过了。

装饰你的大平盘

为包裹已经烘烤和装饰好的纸杯蛋糕而设计的特殊的纸杯蛋糕包装纸可以为你的展示增添色彩。用纸做的叶子、衬垫也能在大平盘上衬托你的纸杯蛋糕。你还可以在派对用品商店或者网上购买装饰品。

摆放你的纸杯蛋糕

为什么不在与你的纸杯蛋糕相配的茶杯或者玻璃杯里展示你的纸杯蛋糕呢？将时尚蛋糕（第 234 页）放在马提尼杯中展示，将玛格丽特蛋糕（第 41 页）放在玛格丽特杯中展示。没有太多专用的杯子？你可以将一个装在玻璃杯中的纸杯蛋糕摆放在一盘纸杯蛋糕的中央，打造别具一格的展示风格！你还可以将迷你蛋糕香蕉船（第 118 页）放在船形碟子上，将摩卡焦糖卡布奇诺蛋糕（第 209 页）放在咖啡杯中！

赠送纸杯蛋糕

纸杯蛋糕是适合任何场合的完美礼物！谁会不喜欢这些手工制作、涂抹了糖霜的美味呢？你唯一要掌握的诀窍就是如何包装它们。

赠送一批纸杯蛋糕

使用饼干罐。它们本身在设计上已经具有节日的气息，而且容易放置蛋糕。在蛋糕之间放糖可以制造一种特别的效果。这些糖可以算作额外的礼物，而且可以在传送过程中使蛋糕保持平稳。

蛋糕盒是专门为多个纸杯蛋糕设计的。你要买那种盖子上有玻璃纸的蛋糕盒——它能够完美展示你那些装饰漂亮的作品！

赠送一个蛋糕

你可以将一个蛋糕装在一个系有彩色丝带的小蛋糕盒里。用宽边丝带制作简单又漂亮的蝴蝶结。中国风礼盒也是用于纸杯蛋糕包装的不错选择，你可以在烘焙用品专卖店或者网上买到。

爱好茶的人，为什么不把印度奶茶蛋糕（第205页）装在陶瓷茶杯或者咖啡杯里呢？你可以将装有纸杯蛋糕的陶瓷茶杯或者咖啡杯摆放在一大张玻璃纸上，再将玻璃纸的边缘向上聚拢，用胶带固定住。别忘了系丝带哦。

苹果无花果面包布丁蛋糕配枫糖酱

6个

准备时间：**30分钟**

制作时间：**1小时10分钟**

蛋糕

7量杯切成丁（边长1英寸）的当天制作的法式或者意式面包

1个烹饪用大苹果（布瑞本、柯特兰或者史密斯奶奶），去皮，切碎（$1\frac{1}{2}$量杯）

$\frac{1}{2}$量杯干开心果碎

1量杯红糖，压实

1量杯牛奶

$\frac{1}{4}$量杯黄油或人造黄油

1小勺肉桂粉

$\frac{1}{2}$小勺香草精

2个鸡蛋，打散

枫糖酱

$\frac{1}{3}$量杯白砂糖

$\frac{1}{3}$量杯红糖，压实

$\frac{1}{3}$量杯重奶油

$\frac{1}{3}$量杯黄油或人造黄油

$\frac{1}{2}$小勺枫糖精

1. 烤箱预热至180℃。在6个特大麦芬模中涂起酥油。

2. 在大碗中混合面包丁、苹果碎和干开心果碎。在小炖锅中中火加热1量杯红糖、牛奶和$\frac{1}{4}$量杯黄油，直至黄油熔化。离火，拌入肉桂粉和香草精。倒在面包丁混合物上。加入鸡蛋，摇晃，使面包丁均匀地裹上混合物。

3. 将面包丁混合物平均分到各个纸模中，一直装到纸模的顶部。烘焙30～34分钟，或者烘焙至蛋糕中心凝固、苹果变软。制作枫糖酱的时候让其冷却。

4. 在容量为1夸脱的炖锅中搅拌白砂糖、$\frac{1}{3}$量杯红糖、重奶油和$\frac{1}{3}$量杯黄油。中火加热至沸腾，不时搅拌。离火；拌入枫糖精。

5. 把热蛋糕从麦芬模中取出，摆放在餐盘上。用勺子将$\frac{1}{2}$量杯热枫糖酱舀到每个蛋糕上。

1个蛋糕（包括每个蛋糕上的枫糖酱）：能量660千卡；总脂肪26克（饱和脂肪16克；反式脂肪1克）；胆固醇140毫克；钠450毫克；总碳水化合物98克（膳食纤维3克）；蛋白质9克

甜蜜小贴士

要让这款蛋糕更甜美，用打发的奶油和烤过的美洲山核桃装饰蛋糕顶部。

迷你果仁糖酱环形蛋糕

12个
准备时间：**25分钟**
制作时间：**2小时**

蛋糕
黄蛋糕（第12页）
½量杯美洲山核桃碎
½量杯太妃糖碎

糖胶
¼量杯黄油（不要使用人造黄油）
½量杯红糖，压实
2大勺玉米糖浆
2大勺牛奶
1量杯糖粉
1小勺香草精

装饰
¼量杯太妃糖碎

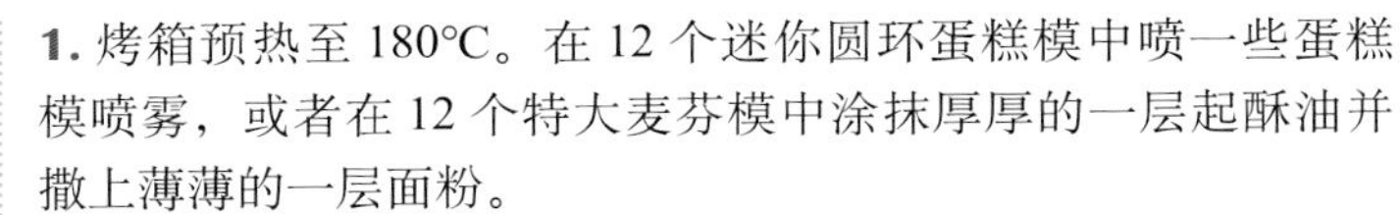

1. 烤箱预热至180°C。在12个迷你圆环蛋糕模中喷一些蛋糕模喷雾，或者在12个特大麦芬模中涂抹厚厚的一层起酥油并撒上薄薄的一层面粉。
2. 按照配方的要求制作黄蛋糕，不同之处是：拌入美洲山核桃碎和½量杯太妃糖碎。将面糊平均分到迷你圆环蛋糕模（或特大麦芬模）中，每个蛋糕模中的面糊大约占蛋糕模容量的½。
3. 烘焙20～25分钟，或者烘焙至将牙签插入蛋糕中心后拔出来时表面是干净的。让蛋糕在模具中冷却10分钟。从模具中取出蛋糕，放在冷却架上冷却。
4. 在容量为1夸脱的炖锅中中高火熔化黄油。拌入红糖、玉米糖浆和牛奶。中高火加热至沸腾，经常搅拌。离火。用打蛋器迅速打入糖粉和香草精，搅打至顺滑。立刻在每个蛋糕上淋1大勺热糖胶。用1小勺太妃糖碎装饰每个蛋糕。

1个迷你蛋糕： 能量570千卡；总脂肪29克（饱和脂肪16克；反式脂肪1克）；胆固醇105毫克；钠420毫克；总碳水化合物72克（膳食纤维1克）；蛋白质5克

甜蜜小贴士

喜欢杏仁的人可以用杏仁代替美洲山核桃，用杏仁提取物代替香草精。

使用蛋糕预拌粉

在12个迷你圆环蛋糕模中喷一些蛋糕模喷雾，或者在12个特大麦芬模中涂抹厚厚的一层起酥油并撒上薄薄的一层面粉。用一盒黄蛋糕预拌粉代替黄蛋糕。按照包装盒上的说明用蛋糕预拌粉制作纸杯蛋糕，不同之处是：添加½量杯美洲山核桃碎和½量杯太妃糖碎。将面糊平均分到迷你蛋糕模（或特大麦芬模）中，烘焙18～23分钟，或者烘焙至将牙签插入蛋糕中心后拔出来时表面是干净的。按照配方的要求淋糖胶和装饰。

太阳蛋培根蛋糕

24 个
准备时间：**50 分钟**
制作时间：**1 小时 50 分钟**

蛋糕
$2\frac{1}{3}$ 量杯中筋面粉
$2\frac{1}{2}$ 小勺泡打粉
$\frac{1}{2}$ 小勺盐
$\frac{1}{2}$ 小勺肉桂粉
1 量杯黄油或人造黄油，软化
1 量杯白糖
3 个鸡蛋
2 大勺枫糖浆
1 小勺香草精
1 量杯牛奶
$\frac{3}{4}$ 量杯（9 片）切碎的枫糖味脆培根

糖霜和装饰
香草奶油霜糖霜（第 18 页）
24 颗奶油硬糖，去掉包装
黑色装饰砂糖，可选

1. 烤箱预热至 180℃。在 24 个常规大小的麦芬模中分别放入纸模。

2. 在中碗中混合面粉、泡打粉、盐和肉桂粉。放在一旁备用。

3. 用厨师机中速搅打黄油，搅打 30 秒。分次加入白糖，每次加 $\frac{1}{4}$ 量杯并搅打均匀，不时将粘在碗壁上的混合物刮下来。继续搅打 2 分钟。加入鸡蛋，每次加 1 个并搅打均匀。打入枫糖浆和香草精。将厨师机调至低速，交替加入面粉混合物（每次大约加入总量的 $\frac{1}{3}$）和牛奶（每次大约加入总量的 $\frac{1}{2}$），搅打均匀。在面糊中拌入培根碎。

4. 将面糊平均分到各个纸模中，每个纸模中的面糊大约占纸模容量的 $\frac{2}{3}$。

5. 烘焙 20～25 分钟，或者烘焙至蛋糕呈金黄色、将牙签插入蛋糕中心后拔出来时表面是干净的。让蛋糕在模具中冷却 5 分钟。从模具中取出蛋糕，放在冷却架上冷却。

6. 同时，按照配方的要求制作香草奶油霜糖霜。给蛋糕涂抹糖霜，使其看起来像太阳蛋的蛋白。在每个蛋糕的中央放 1 颗奶油硬糖充当蛋黄，稍稍按压一下。撒上黑色装饰砂糖充当黑胡椒粒。

1 个蛋糕： 能量 370 千卡；总脂肪 15 克（饱和脂肪 9 克；反式脂肪 0.5 克）；胆固醇 65 毫克；钠 300 毫克；总碳水化合物 55 克（膳食纤维 0 克）；蛋白质 3 克

使用蛋糕预拌粉

用一盒白蛋糕预拌粉代替上面的蛋糕。按照包装盒上的说明用蛋糕预拌粉制作纸杯蛋糕，不同之处是：使用 1 量杯水、$\frac{1}{3}$ 量杯植物油、3 个蛋白和 2 大勺枫糖浆；拌入 $\frac{3}{4}$ 量杯（9 片）切碎的枫糖味脆培根；烘焙 15～22 分钟。按照包装盒上的说明冷却。至于糖霜，用 1 罐可直接涂抹的香草奶油霜代替。按照配方的要求涂抹糖霜和装饰。

甜蜜小贴士

没有时间？你可以用 1 罐可直接涂抹的香草奶油霜代替香草奶油霜糖霜。

奶油硬糖熔岩蛋糕

6 个
准备时间：**15 分钟**
制作时间：**35 分钟**

6 小勺全麦饼干屑
1 量杯（6 盎司）奶油硬糖
$\frac{2}{3}$ 量杯黄油或人造黄油
3 个鸡蛋
3 个蛋黄
$\frac{3}{4}$ 量杯红糖，压实
$\frac{1}{2}$ 量杯中筋面粉
冰激凌，可选

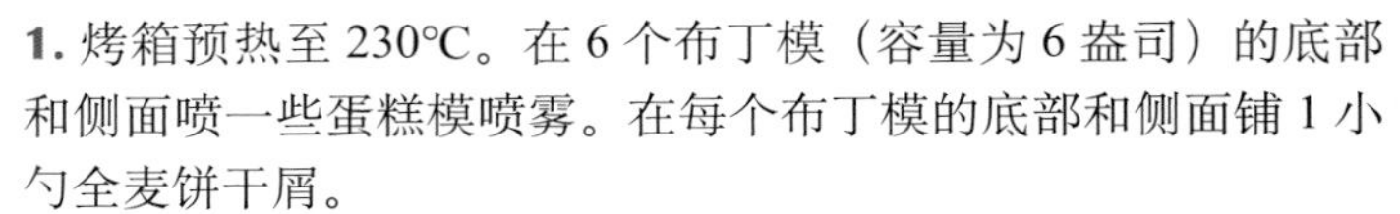

1. 烤箱预热至 230℃。在 6 个布丁模（容量为 6 盎司）的底部和侧面喷一些蛋糕模喷雾。在每个布丁模的底部和侧面铺 1 小勺全麦饼干屑。
2. 在容量为 1 夸脱的炖锅中中火熔化奶油硬糖和黄油，不时搅拌。离火；稍稍冷却（大约 5 分钟）。
3. 同时，在大碗中用打蛋器搅打鸡蛋和蛋黄，搅打均匀。打入红糖。加入奶油硬糖混合物和面粉，搅打均匀。将面糊平均分到布丁模中，将布丁模摆放在深烤盘中。
4. 烘焙 12～14 分钟，或者烘焙至蛋糕四周凝固、中央仍然是软的（顶部稍稍隆起并裂开）。
5. 将蛋糕静置 3 分钟。用小刀或者金属刮刀使蛋糕和布丁模分离。立刻将耐高温点心盘倒扣在每个布丁模的顶部；将点心盘和布丁模一起翻转过来。拿开布丁模。趁热食用。如果愿意，舀一勺冰激凌放在蛋糕顶部。

1 个蛋糕：能量 550 千卡；总脂肪 34 克（饱和脂肪 21 克；反式脂肪 1 克）；胆固醇 260 毫克；钠 220 毫克；总碳水化合物 56 克（膳食纤维 0 克）；蛋白质 6 克

甜蜜小贴士

烘焙这款好吃的小蛋糕时，一定要注意烘焙时间，以获得完美的熔岩效果。

巧克力熔岩蛋糕

6个
准备时间：**25分钟**
制作时间：**45分钟**

无糖可可粉
6盎司半甜巧克力，切碎
$\frac{1}{2}$量杯加2大勺黄油或人造黄油
3个鸡蛋
3个蛋黄
$1\frac{1}{2}$量杯糖粉
$\frac{1}{2}$量杯中筋面粉
额外的糖粉，可选
糖渍金橘，可选

1. 烤箱预热至230°C。在6个布丁模（容量为6盎司）的底部和侧面涂抹起酥油；筛一层可可粉。在容量为2夸脱的炖锅中小火熔化巧克力和黄油，经常搅拌。稍稍冷却。

2. 在大碗中用打蛋器搅打鸡蛋和蛋黄，搅打均匀。打入$1\frac{1}{2}$量杯糖粉。加入巧克力混合物和面粉，搅打均匀。将面糊平均分到布丁模中，将布丁模摆放在深烤盘中。

3. 烘焙12～14分钟，或者烘焙至蛋糕四周凝固、中央仍然是软的（顶部稍稍隆起并裂开）。

4. 将蛋糕静置3分钟。用小刀或者金属刮刀使蛋糕和布丁模分离。立刻将耐高温点心盘倒扣在每个布丁模的顶部；将点心盘和布丁模一起翻转过来。拿开布丁模。撒上额外的糖粉。用糖渍金橘装饰。趁热食用。

1个蛋糕： 能量580千卡；总脂肪39克（饱和脂肪23克；反式脂肪1克）；胆固醇260毫克；钠180毫克；总碳水化合物47克（膳食纤维5克）；蛋白质9克

甜蜜小贴士

这些热乎乎、又软又黏的蛋糕配上一小勺香草冰激凌食用，味道更好。

火与冰蛋糕

（安吉·达德利，佐治亚州苏万尼市，“烘焙埃拉”，www.bakerella.com）

36 个

准备时间：**1 小时**

制作时间：**1 小时 55 分钟**

墨西哥辣椒巧克力蛋糕

1 量杯无糖可可粉

3/4 量杯开水

2 1/2 量杯中筋面粉

3 小勺小苏打

1 小勺肉桂粉

1/4 小勺盐

2～3 小勺墨西哥辣椒粉

1 量杯黄油，室温

2 量杯白砂糖

4 个鸡蛋

1 量杯酪乳

2 小勺香草精

1～2 大勺拌了阿多波酱的墨西哥辣椒碎

辣椒巧克力甘纳许

6 盎司半甜巧克力，粗略切碎

3/4 量杯重奶油

2 量杯糖粉

1/2 小勺墨西哥辣椒粉

装饰

2 夸脱肉桂牛奶太妃冰激凌或者肉桂冰激凌，稍稍软化

切碎的半甜巧克力或者黑巧克力，可选

1. 烤箱预热至 180°C。在 36 个常规大小的麦芬模中分别放入纸模。

2. 在小碗中将可可粉拌入开水中，放在一旁备用。在中碗中混合面粉、小苏打、肉桂粉、盐和 2～3 小勺墨西哥辣椒粉，放在一旁备用。

3. 用厨师机中速搅打黄油和白砂糖，搅打 2 分钟，或者搅打至轻盈、松软。加入鸡蛋，每次加入 1 个并搅打均匀。打入酪乳和香草精（混合物会出现凝结现象）。将厨师机调至低速，交替加入面粉混合物（每次大约加入总量的 1/3）和可可粉混合物（每次大约加入总量的 1/2），搅打均匀。拌入墨西哥辣椒碎。

4. 将面糊平均分到各个纸模中，每个纸模中的面糊大约占纸模容量的 3/4。

5. 烘焙 16～20 分钟，或者烘焙至将牙签插入蛋糕中心后拔出来时表面是干净的。让蛋糕在模具中冷却 5 分钟。从模具中取出蛋糕，放在冷却架上冷却。

6. 在小号微波炉碗中放入切碎的巧克力和重奶油，不盖盖子，用微波炉高火加热 1 分 30 秒，每隔 30 秒搅拌一下，直至巧克力熔化且混合物能够搅拌顺滑。慢慢加入糖粉和 1/2 小勺辣椒粉，用打蛋器搅拌顺滑。

7. 拿掉蛋糕的纸模。将每个蛋糕水平切成两半。用冰激凌勺舀 1 小勺冰激凌放在下半部分上；将上半部分切面朝下放在冰激凌上。用冰激凌勺再舀 1 小勺冰激凌放在蛋糕顶部。在每个蛋糕上淋 1 大勺辣椒巧克力甘纳许。用巧克力碎装饰。

1 个蛋糕： 能量 300 千卡；总脂肪 15 克（饱和脂肪 9 克；反式脂肪 0 克）；胆固醇 60 毫克；钠 210 毫克；总碳水化合物 36 克（膳食纤维 2 克）；蛋白质 4 克

甜蜜小贴士

要想获得微辣的口味，可以少用一些墨西哥辣椒粉，但是如果你想要超辣口味带来的真正的“火”，就多用一些。

焦糖苹果熔岩蛋糕

6个
准备时间：**15 分钟**
制作时间：**35 分钟**

2 大勺肉桂全麦饼干屑（取自 2 块饼干）
3 个鸡蛋
3 个蛋黄
3/4 量杯红糖，压实
1 量杯焦糖淋酱
1/2 量杯中筋面粉
3/4 量杯去皮苹果丁
糖粉，可选
带皮苹果丁，可选

1. 烤箱预热至 230℃。在 6 个布丁模（容量为 6 盎司）的底部和侧面喷一些蛋糕模喷雾。在每个布丁模的底部和侧面铺 1 小勺全麦饼干屑。
2. 在大碗中用打蛋器搅打鸡蛋和蛋黄，搅打均匀。打入红糖。打入焦糖淋酱和面粉，搅打均匀。拌入去皮苹果丁。将面糊平均分到布丁模中，将布丁模摆放在深烤盘中。
3. 烘焙 15 分钟，或者烘焙至蛋糕四周凝固、中央仍然是软的但不是液状的（顶部稍稍隆起）。请仔细观察——蛋糕一不小心就会烘焙过头。从烤盘中取出布丁模，静置 3 分钟。
4. 用小刀或者金属刮刀使蛋糕和布丁模分离。立刻将耐高温点心盘倒扣在每个布丁模的顶部；将点心盘和布丁模一起翻转过来。拿开布丁模。如果愿意，用糖粉和带皮苹果丁装饰蛋糕。趁热食用。

1个蛋糕：能量 380 千卡；总脂肪 5 克（饱和脂肪 1.5 克；反式脂肪 0 克）；胆固醇 210 毫克；钠 250 毫克；总碳水化合物 75 克（膳食纤维 1 克）；蛋白质 6 克

甜蜜小贴士

可以用细密的滤网将糖粉轻轻筛在蛋糕上。

配方测试以及营养计算的相关信息

配方测试

- 除非另行说明，一律使用大号鸡蛋和脂肪含量为 2% 的减脂牛奶。
- 除非专门说明，一律不使用脱脂、低脂、低钠和低热量产品。
- 除非另行说明，一律不使用不粘的烹饪用具和烘焙用具。不使用深色的、黑色的或者隔热的烘焙用具。
- 如果要求使用烤盘，一律使用金属烤盘；派盘是用耐热玻璃制作的。
- 手持式搅拌器在本书中仅用于搅拌。

营养计算

- 但凡给出了几种可以互相替代的原料（如 ⅓ 量杯酸奶油或原味酸奶），一律使用第一种。
- 但凡给出了一个数量范围（如 3 ~ 3½ 量杯牛奶），一律使用第一个数量。
- 但凡给出了一个份量范围（如 4 ~ 6 人份），一律使用第一个份量。
- 标记为“可选”的原料不计算在内。
- 用于浸泡的汁和用于煎炸的油，只有被吸收的部分才被计算在内。

计量单位换算表

	计量单位		换算关系
	原单位名称（符号）	法定单位名称（符号）	
长度	英寸 (in)	厘米 (cm)	1in=2.54cm
	英尺 (ft)	厘米 (cm)	1ft=30.48cm
质量	磅 (lb)	克 (g)	1lb=16oz=453.5924g
	盎司 (oz)	克 (g)	1oz=28.3495g
容积	量杯 (cup)	毫升 (ml)	1 cup=235ml
	大勺 (table spoon)	毫升 (ml)	1table spoon=15ml
	小勺 (tea spoon)	毫升 (ml)	1tea spoon=5ml
	夸脱 (qt)	毫升 (ml)	1qt=946ml
温度	华氏度 (℉)	摄氏度 (℃)	℃ =$^5/_9$ (℉ −32) 变化 1 ℉ = 变化 $^5/_9$℃